최상위 사고력을 위한 특별 학습 서비스

문제풀이 동영상
최고난도 문제를 동영상으로 제공하여 줍니다.

최상위 사고력 5B

펴낸날 [초판 1쇄] 2020년 2월 28일 [초판 2쇄] 2022년 6월 15일
펴낸이 이기열
대표저자 한헌조
펴낸곳 (주)디딤돌 교육
주소 (03972) 서울특별시 마포구 월드컵북로 122 청원선와이즈타워
대표전화 02-3142-9000
구입문의 02-322-8451
팩시밀리 02-338-3231
홈페이지 www.didimdol.co.kr
등록번호 제10-718호
구입한 후에는 철회되지 않으며 잘못 인쇄된 책은 바꾸어 드립니다.
이 책에 실린 모든 삽화 및 편집 형태에 대한 저작권은
(주)디딤돌 교육에 있으므로 무단으로 복사 복제할 수 없습니다.
Copyright ⓒ Didimdol Co. [1861850]

초등 5B

상위권의 기준

최상위
사고력

수학 좀 한다면

선 하나를 내리긋는 힘!

직사각형이 있습니다.
윗변의 어느 한 점과 밑변의 두 끝을 연결한
삼각형을 만듭니다.

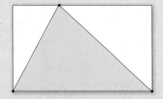

이 삼각형은 직사각형 전체 넓이의 얼마를 차지할까요?

옛 수학자가 이 문제를 푸느라
몇 날 며칠 밤, 땀을 뻘뻘 흘립니다.

그러다 문득!
삼각형의 위쪽 꼭짓점에서 수직으로 선을 하나 내리긋습니다.

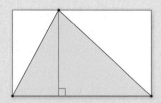

이제 모든 게 선명해집니다.

직사각형은 2개로 나뉘었고

각각의 직사각형은 삼각형의 두 변에 의해 반씩 나누어 집니다.

정답은 $\dfrac{1}{2}$

그러나 중요한 건 정답이 아닙니다.

문제를 해결하려 땀을 뻘뻘 흘리다, 뇌가 번쩍하며

선 하나를 내리긋는 순간!

스스로 수학적 개념을 발견하는 놀라움!

삼각형, 직사각형의 넓이 구하는 공식을 달달 외워

기계적으로 문제를 푸는 것이 아닌

진짜 수학적 사고력이란 이런 것입니다.

문제에 부딪혔을 때, 문제를 해결하는 과정 속에서

스스로 수학적 개념을 발견하고 해결하는 즐거움.

이러한 즐거운 체험의 연속이 수학적 사고력의 본질입니다.

선 하나를 내리긋는 놀라운 생각.

디딤돌 최상위 사고력입니다.

수학적 개념을 발견하고 해결하는 즐거운 여행

정답을 구하는 것이 목적이 아니라
생각하는 과정 자체가 목적이 되는 문제들로 구성하였습니다.

4-2. 모양을 겹쳐서 도형 만들기

낯설지만 손이 가는 문제
어려워 보이지만 풀 수 있을 것 같은,
도전하고 싶은 마음이 생깁니다.

1 겹쳐진 부분을 찾아 색칠하고 색칠한 도형의 개수를 각각 쓰시오.

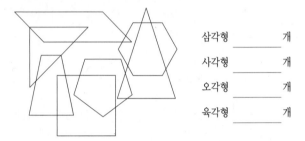

삼각형	_____ 개
사각형	_____ 개
오각형	_____ 개
육각형	_____ 개

2 크기와 모양이 같은 삼각형 2개를 겹쳤을 때 겹쳐진 부분의 모양이 오각형과 육각형이 되도록 그리시오.

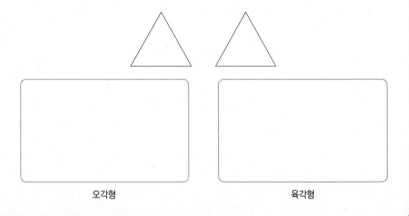

오각형　　　　　　　　　　　　　육각형

땀이 뻘뻘
첫 번째 문제와 비슷해 보이지만 막상 풀려면
수학적 개념을 세우느라 머리에 땀이 납니다.

뇌가 번쩍

앞의 문제를 자신만의 방법으로 풀면서 뒤죽박죽 생각했던 것들이
명쾌한 수학개념으로 정리됩니다. 이제 똑똑해지는 기분이 듭니다.

어떻게 겹치면 서로 다른 모양이 나올까?

을 기준으로 △ 을 다양하게 움직입니다.

| 삼각형 | 사각형 | 오각형 | 육각형 |

한 도형을 고정시킨 후, 나머지 도형을 여러 가지 방법으로 움직이면서 겹쳐 봅니다.

최상위 사고력

오른쪽과 같이 모양과 크기가 같은 사각형 2개를 겹쳤습니다. |보기|와 같이 겹쳐진 모양을 보고 어떻게 겹쳤는지 사각형 2개를 그리시오.

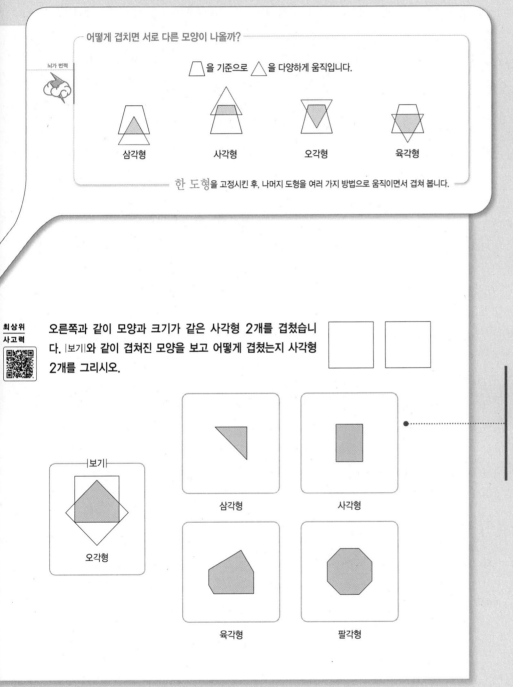

|보기|

오각형

삼각형

사각형

육각형

팔각형

최상위 사고력 문제

뇌가 번쩍을 통해 알게된 개념을
다양한 관점에서
이해하고 해석해 봄으로써
한 단계 더 깊게 생각하는
힘을 기릅니다.

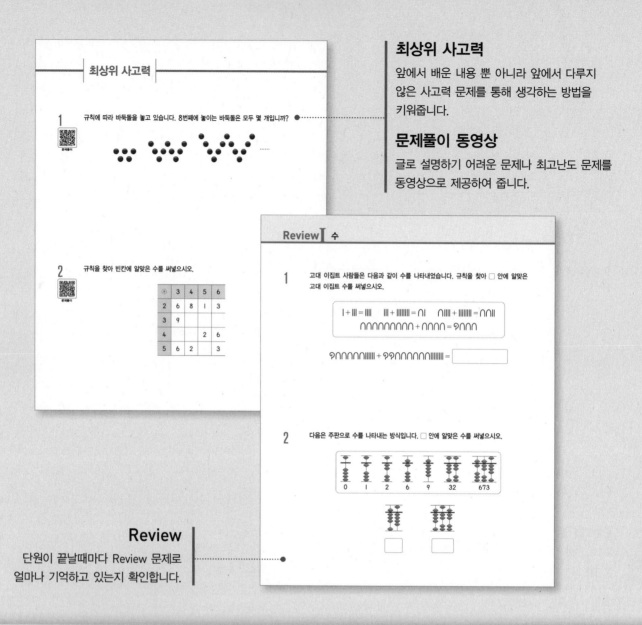

최상위 사고력

앞에서 배운 내용 뿐 아니라 앞에서 다루지 않은 사고력 문제를 통해 생각하는 방법을 키워줍니다.

문제풀이 동영상

글로 설명하기 어려운 문제나 최고난도 문제를 동영상으로 제공하여 줍니다.

Review

단원이 끝날때마다 Review 문제로 얼마나 기억하고 있는지 확인합니다.

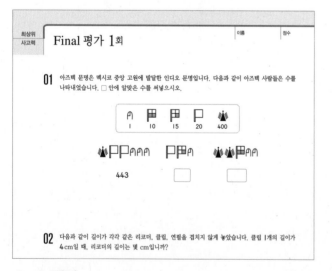

Final 평가

이 책에서 다룬 사고력 문제를 시험지 형식으로 풀어보며 실전 감각을 키웁니다.

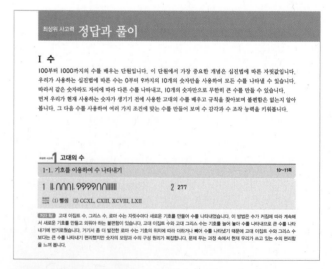

친절한 정답과 풀이

단원 배경 설명, 저자 톡!을 통해 문제를 선정하고 배치한 이유를 알려줍니다. 문제마다 좀 더 보기 쉽고, 이해하기 쉽게 설명하려고 하였습니다.

contents

수

I

1-1. 규칙에 맞게 수 배열하기

1 |규칙|에 맞게 빈칸에 알맞은 수를 써넣으시오.

> |규칙|
> - 각각의 가로줄과 세로줄에는 1부터 5까지의 수가 한 번씩 들어갑니다.
> - 굵은 선으로 둘러싸인 다섯 칸에도 1부터 5까지의 수가 한 번씩 들어갑니다.

1		5		2
			5	
4			3	
3		4	2	

2 선으로 연결된 ○ 안에는 1과 2, 9와 10 같이 연속하는 두 수가 놓이지 않도록 수를 써넣으려고 합니다. ○ 안에 1부터 6까지의 수를 한 번씩 써넣으시오.

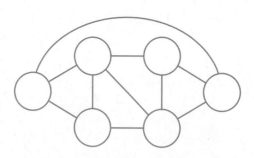

연속하는 수를 서로 이웃하지 않도록 배열하는 방법은?

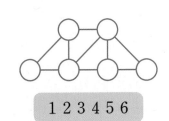

1 2 3 4 5 6

① 연결된 선이 가장 많은 곳에 알맞은 수 찾기

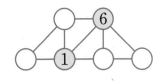

연속하는 수가 가장 적은
1과 6을 씁니다.

② 조건에 알맞게 나머지 부분에 수 쓰기

5, 6, 1과 연속
하지 않는 수인
3을 씁니다.

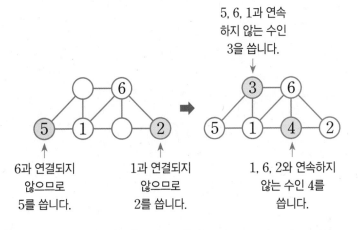

6과 연결되지
않으므로
5를 씁니다.

1과 연결되지
않으므로
2를 씁니다.

1, 6, 2와 연속하지
않는 수인 4를
씁니다.

연결된 선이 가장 많은 곳에 알맞은 수부터 구합니다.

최상위
사고력

정사각형 8개로 만든 모양입니다. 사각형 안에 1부터 8까지의 수를 한 번씩 써넣어 이웃하는 부분에 연속하는 수가 놓이지 않도록 알맞은 수를 써넣으시오. (단, 꼭짓점이 한 개라도 겹쳐지면 이웃합니다.)

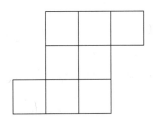

1-2. 수 배열의 가짓수

1 1, 2, 2, 3을 다음 빈칸에 하나씩 써넣으려고 합니다. 수를 서로 다르게 배열하는 방법은 모두 몇 가지인지 구하시오. (단, 돌려서 같아지는 것은 한 가지로 생각합니다.)

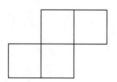

2 |보기|에서 화살표가 가리키는 수 ㉡, ㉢이 각각 ㉠보다 더 큰 수가 되도록 ○ 안에 1부터 5까지의 수 중 4개의 수를 써넣으려고 합니다. 수를 서로 다르게 배열하는 방법은 모두 몇 가지인지 구하시오.

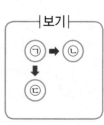

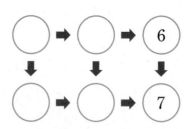

수를 배열하는 가짓수를 중복이나 빠짐없이 모두 찾는 방법은?

① 가장 작은 수를 넣어야 할 곳 찾기

화살표가 바깥쪽을 향하는 곳

① → ⓛ → ⓒ
↓　　　↓
ⓔ → ⓜ

1 2 3 4 5

② 다음으로 작은 수를 넣어야 할 곳 찾기

또는

가장 먼저 알 수 있는 자리의 수를 기준으로 정하여 구합니다.

최상위 사고력

|보기|와 같이 위의 두 수의 차가 바로 아래의 수가 되도록 ◯ 안에 1부터 6까지의 수를 한 번씩 써넣으려고 합니다. 수를 서로 다르게 배열하는 방법은 모두 몇 가지인지 구하시오.
(단, 옆으로 뒤집어서 같아지는 것은 한 가지로 생각합니다.)

|보기|

1　3
2

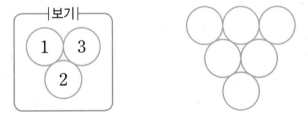

정답과 풀이 12쪽 ▶

1-3. 규칙을 찾아 수 배열하기

1 규칙에 따라 ○ 안에 수를 써넣은 것입니다. 물음에 답하시오.

(1) 다음은 |규칙|에 따라 수를 써넣은 것입니다. □ 안에 알맞은 수를 써넣으시오.

|규칙|

1 → 12
2 → 4
3 → □
4 → 9
5 → □
6 → 9

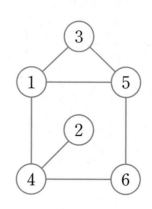

(2) (1)에서 찾은 규칙을 이용하여 ○ 안에 1부터 7까지의 수를 한 번씩 써넣으시오.

|규칙|

1 → 15
2 → 11
3 → 19
4 → 4
5 → 3
6 → 1
7 → 5

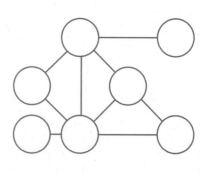

최상위
사고력
A

가로 3칸, 세로 3칸인 9개의 정사각형에 ◯를 겹쳐놓았습니다. ◯와 이웃한 4개의 정사각형에 적힌 수의 합이 가장 크도록 정사각형 안에 1부터 9까지의 수를 한 번씩 써넣으려고 합니다. ◯ 안의 수의 합이 가장 클 때의 값을 구하시오.

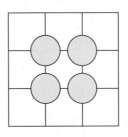

최상위
사고력
B

이웃한 두 수의 합이 바로 위의 수가 되도록 ◯ 안에 수를 써넣으려고 합니다. 같은 수는 한 번만 사용하고 가장 작은 수가 ㉠이 되도록 수를 써넣을 때 ㉠에 알맞은 수를 구하시오.

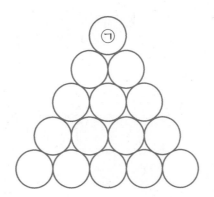

정답과 풀이 14쪽 ▶

1 ○와 ○ 사이에 쓰인 수가 이웃한 두 ○ 안의 수의 합이 되도록 1부터 8까지의 수를 ○ 안에 한 번씩 써넣으시오.

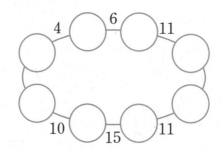

2 |규칙|에 맞게 빈칸에 알맞은 수를 써넣으시오.

|규칙|

• 흰 칸 안에는 1부터 9까지의 수만 쓸 수 있습니다.
• 검은 칸의 대각선 위의 수는 오른쪽 흰 칸에 적힌 수를 모두 더한 것입니다.
• 검은 칸의 대각선 아래의 수는 아래쪽 흰 칸에 적힌 수를 모두 더한 것입니다.
• 한 줄을 이루는 흰 칸에는 같은 수를 중복해서 쓸 수 없습니다.

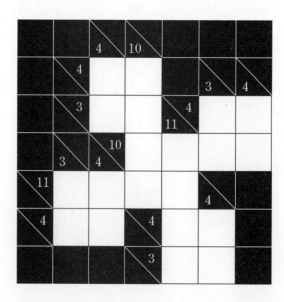

3 |규칙|에 맞게 빈칸에 1부터 8까지의 수를 한 번씩 써넣으시오.

|규칙|
- 8과 1 사이의 수의 합은 10입니다.
- 3과 7 사이의 수의 합은 24입니다.
- 2와 4 사이의 수의 합은 4입니다.

| 경시대회 기출 |

4 |규칙|에 맞게 빈칸에 수를 알맞게 써넣으시오.

|규칙|
- 빈칸에는 1부터 9까지의 수 중 같은 수가 여러 번 들어갈 수 있습니다.
- 위와 왼쪽에 놓인 점의 개수는 그 줄에 들어간 수의 개수입니다.
- 아래와 오른쪽에 쓰인 수는 그 줄에 들어간 수의 합입니다.

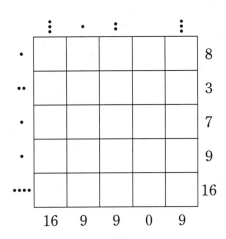

정답과 풀이 17쪽 ▶

2-1. 합이 같은 줄을 찾아 문제 해결하기

1 |보기|와 같이 한 원 안에 있는 수의 합이 모두 같도록 ㉠, ㉡, ㉢, ㉣에 알맞은 수를 차례로 구하시오.

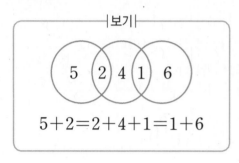

|보기|

$$5+2=2+4+1=1+6$$

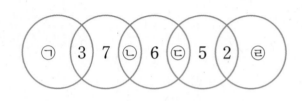

2 가로, 세로, 대각선에 놓인 5개의 수의 합이 모두 같을 때 ㉠에 알맞은 수를 구하시오. (단, 같은 수를 여러 번 사용해도 됩니다.)

6		15		㉠
9		16	8	
5		11		
		6	15	1
	22	7	2	8

합이 같음을 이용하는 모르는 수를 구하는 방법은?

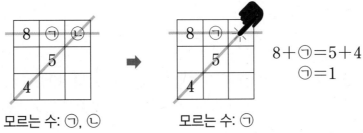

모르는 수: ㉠, ㉡   모르는 수: ㉠

$$8+㉠=5+4$$
$$㉠=1$$

겹치는 부분의 수를 가리면 모르는 수가 1개만 남습니다.

최상위 사고력

삼각형 2개를 겹쳐 만든 별 모양의 도형입니다. 삼각형의 각 변과 나란히 한 줄로 있는 네 수의 합은 모두 같습니다. ㉠+㉡+㉢+㉣+㉤=32일 때 ㉠, ㉡, ㉢, ㉣, ㉤에 알맞은 수를 차례로 구하시오.

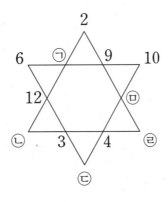

정답과 풀이 20쪽 ▶

2-2. 한 줄의 합을 이용하여 문제 해결하기

1 10개의 칸에 1부터 10까지의 수를 한 칸에 1개씩 써넣으려고 합니다. 빨간색 선으로 둘러싸인 6칸에 쓰인 수의 합이 33이고, 파란색 선으로 둘러싸인 5칸에 쓰인 수의 합이 30일 때 ㉠에 알맞은 수를 구하시오.

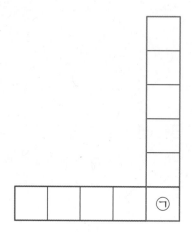

2 삼각형의 각 변에 있는 ○ 안의 세 수의 합이 모두 삼각형 안의 수가 되도록 ○ 안에 1부터 6까지의 수를 한 번씩 써넣으시오.

(1)

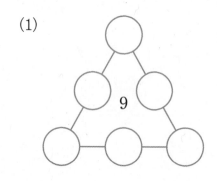

(2)

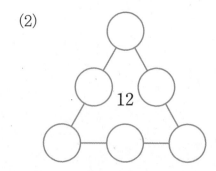

각 변에 있는 ○ 안의 세 수의 합이 ■일 때 반드시 알아야 할 식은?

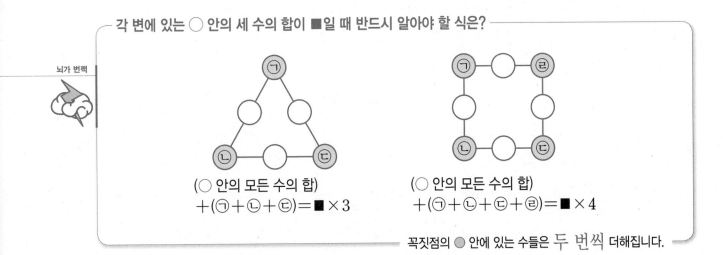

(○ 안의 모든 수의 합)
$+(㉠+㉡+㉢)=■×3$

(○ 안의 모든 수의 합)
$+(㉠+㉡+㉢+㉣)=■×4$

꼭짓점의 ● 안에 있는 수들은 두 번씩 더해집니다.

최상위 사고력

오각형의 각 변에 있는 ○ 안의 세 수의 합이 모두 14가 되도록 ○ 안에 1부터 10까지의 수를 한 번씩 써넣으시오.

2-3. 한 줄의 합의 최대·최소

1 ◯ 안에 1부터 11까지의 수를 한 번씩 써넣어 각 선분에 있는 ◯ 안의 세 수의 합이 모두 같도록 3가지 방법으로 만들어 보시오. (단, 각 방법에서 ◯ 안의 세 수의 합은 달라야 합니다.)

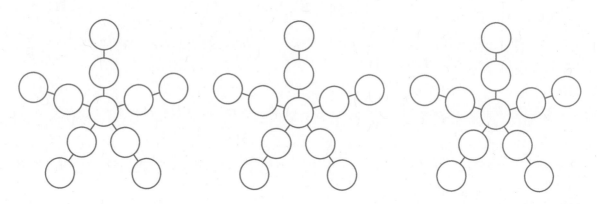

 2 ◯ 안에 1부터 6까지의 수를 한 번씩 써넣어 각 선분에 있는 ◯ 안의 세 수의 합이 가장 크면서 모두 같도록 만들려고 합니다. ◯ 안에 알맞은 수를 써넣으시오.

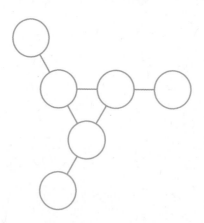

각 선분에 있는 ○ 안의 세 수의 합을 가장 작거나 크게 만드는 방법은?

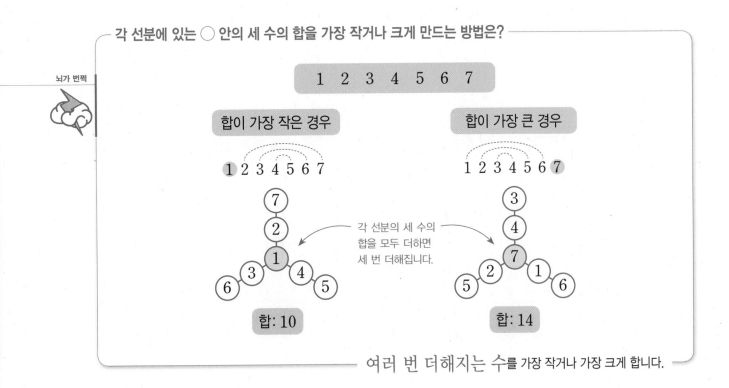

여러 번 더해지는 수를 가장 작거나 가장 크게 합니다.

최상위 사고력

○ 안에 1부터 10까지의 수를 한 번씩 써넣어 ◇ 모양에 있는 ○ 안의 네 수의 합이 가장 크면서 모두 같도록 만들려고 합니다. ○ 안에 알맞은 수를 써넣으시오.

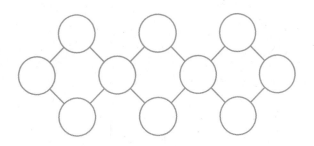

1 ○ 안에 1부터 5까지의 수를 한 번씩 써넣어 가로줄, 세로줄에 있는 ○ 안의 세 수의 합과 원의 둘레에 있는 ○ 안의 네 수의 합이 모두 같도록 만들어 보시오.

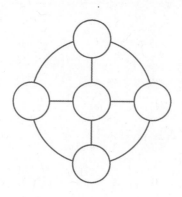

| 경시대회 기출 |

2 빈칸에 1부터 7까지의 수를 한 번씩 써넣어 가로줄과 세로줄에 있는 세 수의 합이 모두 같도록 서로 다른 3가지 방법으로 만들어 보시오.

3

○ 안에 1부터 9까지의 수를 한 번씩 써넣어 각 선분에 있는 ○ 안의 세 수의 합이 가장 작으면서 모두 같도록 만들려고 합니다. ○ 안에 알맞은 수를 써넣으시오.

4 ○ 안에 1부터 6까지의 수를 한 번씩 써넣어 삼각형의 각 변에 있는 ○ 안의 세 수의 합이 모두 같도록 만들려고 합니다. 삼각형의 한 변에 있는 ○ 안의 세 수의 합 중 가장 큰 값을 구하시오.

3-1. 마방진

1 빈칸에 1부터 16까지의 수를 한 번씩 써넣어 가로, 세로, 대각선에 있는 수들의 합이 모두 같도록 만들어 보시오.

3			15
	8	12	
	5		4
		7	

2 빈칸에 9개의 수 1, 3, 5, 7, 9, 11, 13, 15, 17을 한 번씩 써넣어 가로, 세로, 대각선에 있는 세 수의 합이 모두 같도록 만들어 보시오.

	1	
	17	

가로, 세로 3칸인 마방진에 1부터 9까지의 수를 채우는 방법은?

한 줄에 있는 수의 합 구하기

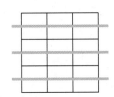

(한 줄에 있는 세 수의 합)
$= (1+2+\cdots+8+9) \div 3$
$= 45 \div 3$ 9칸에 들어가는
$= 15$ 수의 합

한가운데 수 구하기

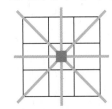

가로, 세로, 대각선에 있는
세 수의 합을 모두 더하면
$45 + \blacksquare \times 3 = 15 \times 4$
$1+2+\cdots+8+9$ $\blacksquare = 5$

나머지 수 채우기

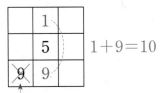

$1+9=10$

대각선에 있는 수는 여러 번 더해지므로
가장 큰 수 9는 대각선에 쓸 수 없습니다.

5를 기준으로 양쪽에 있는
두 수의 합이 $15-5=10$이
되도록 수를 채웁니다.

한가운데 들어갈 수를 먼저 찾습니다.

최상위 사고력

빈칸에 서로 다른 9개의 분수를 써넣어 가로, 세로, 대각선에 있는 수들의 합이 모두 1이 되도록 만들어 보시오.

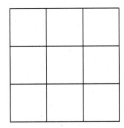

정답과 풀이 30쪽 ▶

3-2. 수의 쌍을 이용하는 마방진

1 별 모양의 각 변에 있는 ○ 안의 네 수의 합이 모두 26이 되도록 ○ 안에 알맞은 수를 써 넣으시오.

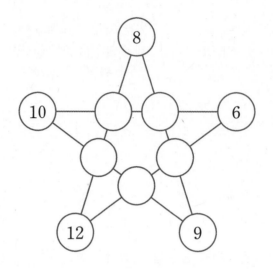

2 |보기|는 1부터 7까지의 수를 한 번씩 써넣어 각 원 안에 있는 네 수의 합이 모두 14가 되 도록 만든 것입니다. 같은 방법으로 서로 다른 수를 한 번씩 써넣어 각 원 안에 있는 네 수 의 합이 모두 13이 되도록 만들어 보시오.

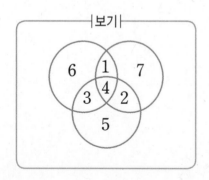

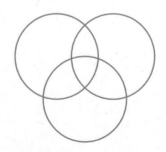

한 줄에 있는 수의 합이 15인 마방진에 1부터 9까지의 수를 채우는 방법은?

합이 15인 세 수의 쌍 찾기

(1 , 5 , 9)
(1 , 6 , 8)
(2 , 4 , 9)
(2 , 5 , 8)
(2 , 6 , 7)
(3 , 4 , 8)
(3 , 5 , 7)
(4 , 5 , 6)

➡ 8가지

합이 15인 줄 찾기

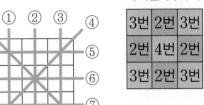

➡ 8줄

세 수의 쌍에서 겹치는 횟수가 같은 자리를 찾아 수 채우기

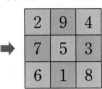

3번	2번	3번
2번	4번	2번
3번	2번	3번

➡

2	9	4
7	5	3
6	1	8

같음

합이 15인 세 수의 쌍을 모두 찾아 겹치는 횟수를 세어 봅니다.

각 원의 둘레에 있는 □ 안의 네 수의 합이 모두 같도록 □ 안에 1부터 6까지의 수를 한 번씩 써넣으시오.

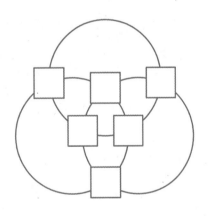

3-3. 입체 마방진

1 정육면체의 면은 6개입니다. 정육면체의 각 면의 둘레에 있는 ◯ 안의 네 수의 합이 모두 같도록 ◯ 안에 1부터 12까지의 수를 한 번씩 써넣으시오.

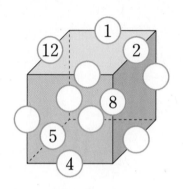

TIP 오른쪽과 같이 정사각형 6개로 둘러싸인 도형을 정육면체라고 합니다.

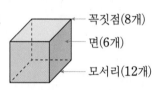

꼭짓점(8개)
면(6개)
모서리(12개)

뇌가 번쩍

각 면의 둘레에 있는 수의 합이 ■로 모두 같을 때 알 수 있는 식은?

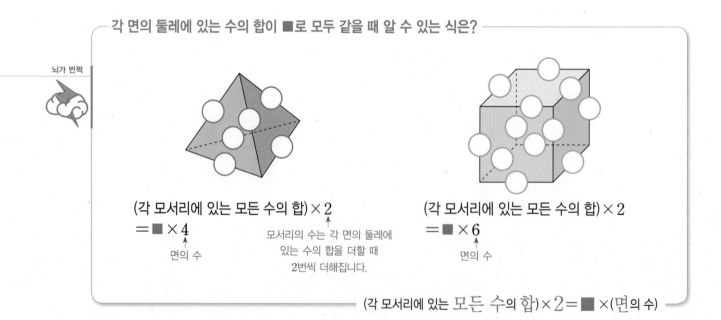

(각 모서리에 있는 모든 수의 합) × 2
= ■ × 4
   ↑
  면의 수

모서리의 수는 각 면의 둘레에 있는 수의 합을 더할 때 2번씩 더해집니다.

(각 모서리에 있는 모든 수의 합) × 2
= ■ × 6
   ↑
  면의 수

(각 모서리에 있는 모든 수의 합) × 2 = ■ × (면의 수)

최상위
사고력

정육면체의 꼭짓점에 1부터 8까지의 수를 한 번씩 써넣어 각 면의 꼭짓점에 있는 네 수의 합이 모두 같도록 만들려고 합니다. ◯ 안에 알맞은 수를 써넣어 서로 다른 4가지 방법으로 만들어 보시오.

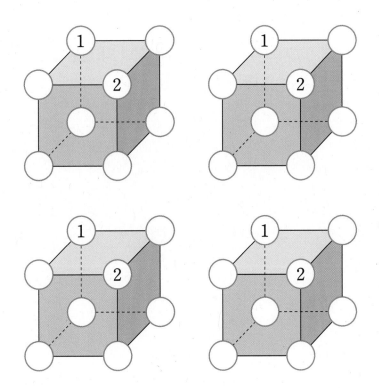

정답과 풀이 34쪽 ▶

최상위 사고력

1 ◯ 안에 1부터 9까지의 수를 한 번씩 써넣어서 각 선분에 있는 ◯ 안의 네 수의 합이 모두 같도록 만들려고 합니다. ㉠에 알맞은 수를 구하시오.

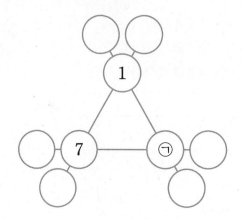

| 경시대회 기출 |

2 빈칸에 알맞은 수를 써넣어 가로, 세로, 대각선에 있는 세 수의 합이 모두 같도록 만들어 보시오.

8		9
15		16

3

정답과 풀이 35쪽 ▶

면이 4개인 뿔 모양의 입체도형입니다. ○ 안에 1부터 12까지의 수를 한 번씩만 써넣어 각 면의 둘레에 있는 ○ 안의 6개의 수의 합이 모두 같도록 만들어 보시오.

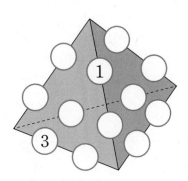

4

○ 안에 1부터 8까지의 수를 한 번씩 써넣어 사각형의 꼭짓점에 있는 ○ 안의 네 수의 합과 큰 정사각형의 대각선에 있는 ○ 안의 네 수의 합이 모두 같도록 만들어 보시오.

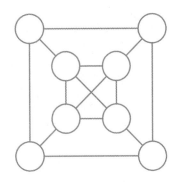

1 각 줄에 있는 ◯ 안의 세 수의 합이 모두 같도록 ◯ 안에 알맞은 수를 써넣으시오.

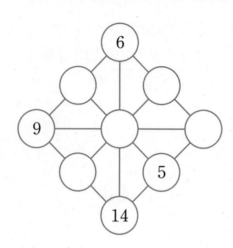

2 각 선분에 있는 ◯ 안의 세 수의 합이 모두 11이 되도록 ◯ 안에 1부터 7까지의 수를 한 번씩 써넣으시오.

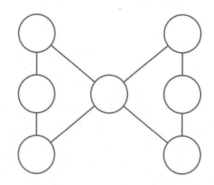

3 |규칙|에 따라 빈칸에 알맞은 수를 써넣을 때 ㉠, ㉡, ㉢에 알맞은 수를 차례로 구하시오.

|규칙|
- 각각의 가로줄과 세로줄에는 1부터 5까지의 수가 한 번씩 들어갑니다.
- 굵은 선으로 둘러싸인 5칸에도 1부터 5까지의 수가 한 번씩 들어갑니다.

			3	4
㉠	㉡	5		2
2	㉢			
1	4			

4 |보기|와 같이 위의 두 수의 차가 바로 아래의 수가 되도록 ☐ 안에 1부터 10까지의 수를 한 번씩 써넣으시오.

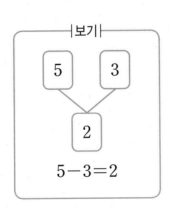

|보기|

5 − 3 = 2

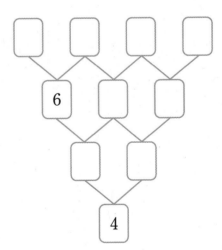

정답과 풀이 37쪽 ▶

5 정사각형의 각 변에 있는 ◯ 안의 세 수의 합이 모두 같도록 ◯ 안에 1부터 8까지의 수를 한 번씩 써넣으려고 합니다. 각 변에 있는 ◯ 안의 세 수의 합이 될 수 있는 수 중에서 가장 큰 수를 구하시오.

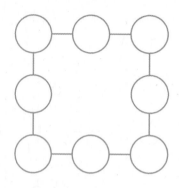

6 두 원의 둘레에 있는 ☐ 안의 8개의 수의 합이 서로 같고, 큰 원의 지름에 있는 ☐ 안의 4개의 수의 합이 서로 같도록 ☐ 안에 1부터 16까지의 수를 한 번씩 써넣으시오.

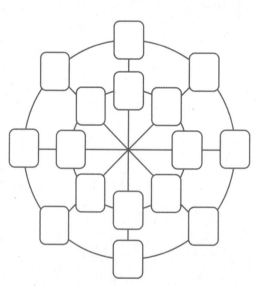

도형(1)

4-1. 합동인 도형으로 나누기

1 정삼각형을 주어진 개수만큼 합동인 삼각형이 되도록 선을 그어 나누어 보시오.

(1)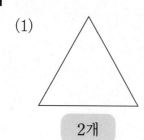
2개

(2)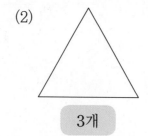
3개

(3)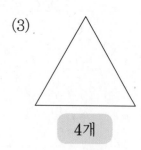
4개

(4)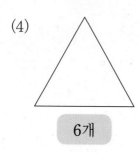
6개

(5)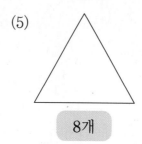
8개

(6)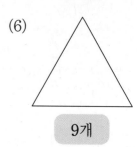
9개

2 다음 도형을 합동인 도형 4개로 나누려고 합니다. 나눈 4개의 도형이 처음 도형과 모양이 같도록 선을 그어 보시오.

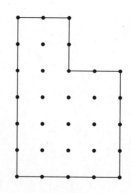

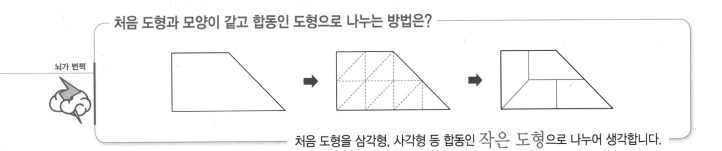

처음 도형을 삼각형, 사각형 등 합동인 작은 도형으로 나누어 생각합니다.

최상위
사고력

다음 도형을 합동인 도형 4개로 나누려고 합니다. 나눈 4개의 도형이 처음 도형과 모양이 같도록 선을 그어 보시오.

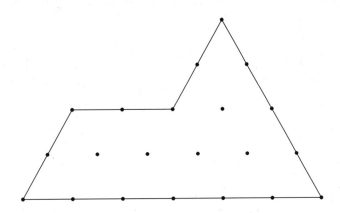

정답과 풀이 41쪽 ▶

4-2. 삼각형의 합동

1 오른쪽 삼각형과 서로 합동인 삼각형을 모두 찾으시오.

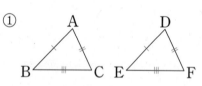

① 두 변의 길이가 각각 3.5 cm, 4.5 cm인 삼각형

② 두 변의 길이가 각각 3.5 cm, 4.5 cm이고 그 끼인각의
크기가 30°인 삼각형

③ 세 변의 길이가 각각 3.5 cm, 4.5 cm, 2.3 cm인 삼각형

④ 세 각의 크기가 각각 30°, 50°, 100°인 삼각형

⑤ 한 변의 길이가 4.5 cm이고 양 끝 각의 크기가 각각 30°, 50°인 삼각형

뇌가 번쩍

두 삼각형이 서로 합동이기 위한 조건은?

①
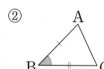

대응하는 세 변의 길이가 각각 같다.

②

대응하는 두 변의 길이가 각각 같고, 그 끼인각의 크기가 같다.

③
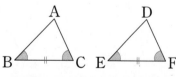

대응하는 한 변의 길이가 같고, 그 양 끝 각의 크기가 각각 같다.

변의 길이와 각의 크기를 비교합니다.

삼각형 ㄱㄴㄷ과 삼각형 ㄹㅁㅂ에서 변 ㄱㄷ의 길이와 변 ㅂㅁ의 길이가 같고, 변 ㄴㄷ의 길이와 변 ㄹㅁ의 길이가 같을 때, 삼각형 ㄱㄴㄷ과 삼각형 ㄹㅁㅂ이 합동이 되는 조건을 모두 고르시오.

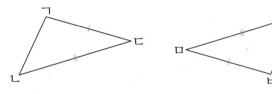

① (각 ㄱㄴㄷ)=(각 ㅂㄹㅁ) ② (각 ㄱㄷㄴ)=(각 ㅂㅁㄹ)
③ (각 ㄴㄱㄷ)=(각 ㄹㅂㅁ) ④ (변 ㄱㄴ)=(변 ㅂㄹ)

사다리꼴 ㄱㄴㄷㄹ은 변 ㄱㄴ의 길이와 변 ㄹㄷ의 길이가 같고, 대각선 ㄱㄷ의 길이와 대각선 ㄴㄹ의 길이가 같습니다. 두 대각선이 만나는 점을 점 ㅁ이라 할 때, 사다리꼴 ㄱㄴㄷㄹ에서 찾을 수 있는 서로 합동인 삼각형은 모두 몇 쌍인지 구하시오.

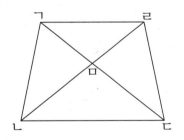

정답과 풀이 42쪽 ▶

4-3. 합동인 삼각형의 넓이 이용하기

1 사각형 ㄱㄴㄷㄹ과 사각형 ㅅㄷㅁㅂ은 정사각형입니다. 변 ㄱㄴ의 길이가 6 cm일 때, 색칠한 삼각형의 넓이를 구하시오.

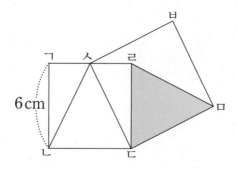

TIP 먼저 서로 합동인 두 삼각형을 찾아봅니다.

2 한 변의 길이가 10 cm인 정사각형 모양의 색종이 2장을 다음과 같이 겹쳐 놓았습니다. 사각형 ㄱㄴㄷㄹ의 두 대각선이 만나는 점을 점 ㅇ이라고 할 때, 두 색종이가 겹쳐진 부분의 넓이를 구하시오.

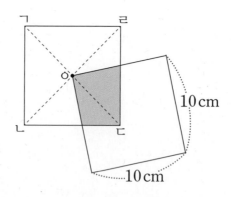

평행사변형을 넓이가 같은 두 도형으로 나누려면?

한 변의 길이와 그 양 끝각의 크기가 각각
같으므로 같은 색으로 색칠한 삼각형끼리 합동입니다.

두 대각선이 만나는 점을 지나도록 나눕니다.

최상위
사고력

다음 도형의 넓이가 직선에 의해 똑같이 둘로 나누어지도록 직선 1개를 그어 보시오.

1 서로 합동인 삼각형끼리 짝지어 보시오.

 ㉠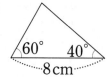

㉡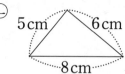

㉢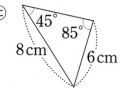

㉣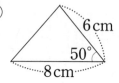

㉤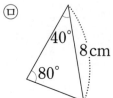

㉥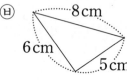

| 경시대회 기출 |

2 모눈판을 합동인 도형 2개가 되도록 점선을 따라 선을 그어 보시오. (단, 나뉜 도형을 돌리거나 뒤집어서 같은 것은 한 가지로 생각합니다.)

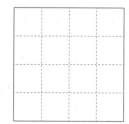

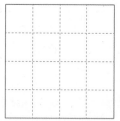

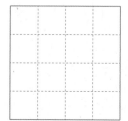

3 사각형 ㄱㄴㄷㄹ은 정사각형입니다. 각 ㅁㅂㄹ의 크기를 구하시오.

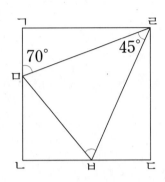

TIP 보조선을 그어 합동인 삼각형을 그려 봅니다.

| 경시대회 기출 |

4 삼각형 ㄱㄴㄷ과 삼각형 ㅁㄷㄹ이 정삼각형일 때, 각 ㄴㅂㄹ의 크기를 구하시오.

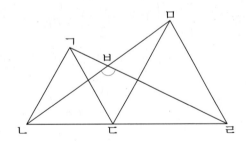

5-1. 거울에 비친 도형

1 빨간색 점을 한 꼭짓점으로 하는 사각형 중에서 선대칭도형을 점판에 모두 그려 보시오.
(단, 돌리거나 뒤집어서 같은 것은 한 가지로 생각합니다.)

TIP 한 직선을 따라 접어서 완전히 겹치는 도형을 선대칭도형이라고 합니다.

2 |보기|의 그림 위에 거울을 수직으로 세워 여러 가지 모양을 만들었습니다. 다음 중 만들 수 없는 모양을 모두 고르시오. (단, 거울의 두께는 생각하지 않습니다.)

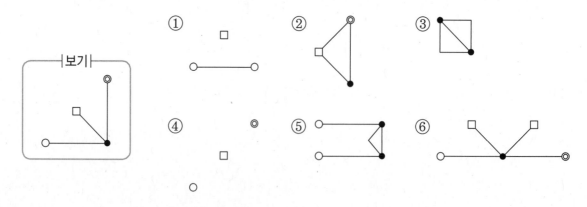

정사각형 위에 거울을 세워 놓은 자리는?

거울을 세웠을 때
보이는 도형

① 대칭축 찾기

② 대칭축을 기준으로
한 쪽 모양 찾기

③ 정사각형에서 같은
부분 찾기

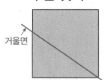

거울면

거울을 세워 놓은 자리는
대칭축과 같습니다.

대칭축을 찾은 후, 처음 도형에서 같은 부분을 찾습니다.

최상위 사고력

다음은 알파벳 위에 거울을 수직으로 세워 놓았을 때 거울에 비친 모양입니다. 주어진 모양이
모두 나올 수 있는 알파벳을 찾으시오.

A B D M N P Y

(1)

(2)

5-2. 180° 돌린 도형

1 작은 정사각형 8개로 이루어진 직사각형 종이에 4칸을 색칠하여 180° 돌려도 같은 모양
이 되도록 만들려고 합니다. 가능한 경우를 모두 색칠하여 나타내시오.

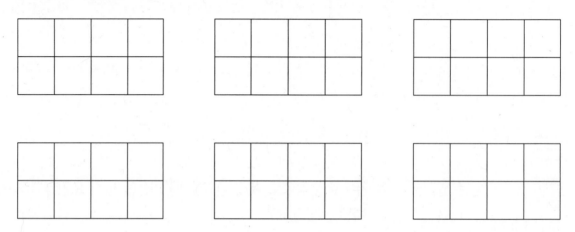

TIP 어떤 점(대칭의 중심)을 중심으로 180° 돌렸을 때 처음 도형과 완전히 겹치는 도형을 점대칭도형이라고 합니다.

땀이 뻘뻘

2 점 ○을 대칭의 중심으로 하는 점대칭도형을 완성하시오.

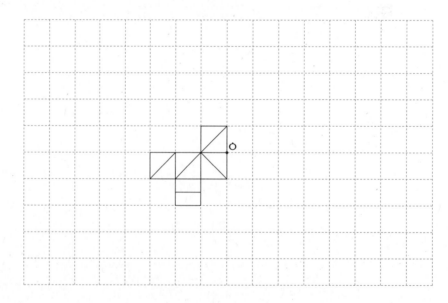

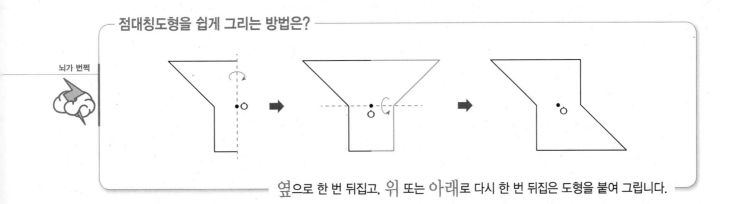

점대칭도형을 쉽게 그리는 방법은?

옆으로 한 번 뒤집고, 위 또는 아래로 다시 한 번 뒤집은 도형을 붙여 그립니다.

최상위 사고력

다각형 중에서 점대칭도형을 점판에 모두 그리고 대칭의 중심을 점으로 표시하시오. (단, 대칭의 중심은 도형 안에 있으며, 돌리거나 뒤집어서 같은 것은 한 가지로 생각합니다.)

5-3. 선대칭도형과 점대칭도형

1 합동인 정삼각형 8개를 이어 붙여 만든 모양입니다. 이 모양에서 선을 따라 그릴 수 있는 선대칭도형은 모두 몇 가지인지 구하시오. (단, 돌리거나 뒤집어서 같은 것은 한 가지로 생각합니다.)

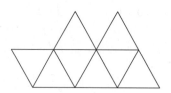

뇌가 번쩍

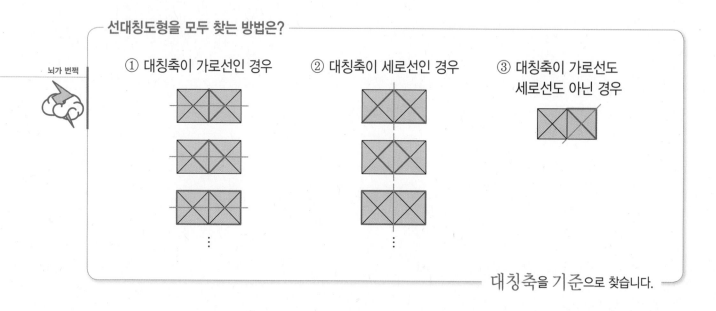

선대칭도형을 모두 찾는 방법은?

① 대칭축이 가로선인 경우   ② 대칭축이 세로선인 경우   ③ 대칭축이 가로선도 세로선도 아닌 경우

대칭축을 기준으로 찾습니다.

점판에 넓이가 $2\,cm^2$인 선대칭도형은 모두 몇 가지 그릴 수 있습니까? (단, 돌리거나 뒤집어서 같은 것은 한 가지로 생각합니다.)

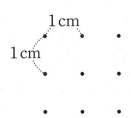

합동인 직각이등변삼각형 4개를 길이가 같은 변끼리 맞닿도록 2개 이상 이어 붙여 만들 수 있는 점대칭도형은 모두 몇 가지인지 구하시오. (단, 이어 붙여 만든 도형의 외곽선의 모양만 생각하며, 돌리거나 뒤집어서 같은 것은 한 가지로 생각합니다.)

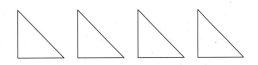

1 점판에 선대칭도형과 점대칭도형의 일부가 그려져 있습니다. 선대칭도형과 점대칭도형을 각각 완성하시오. (단, 서로 교차하는 선분은 없습니다.)

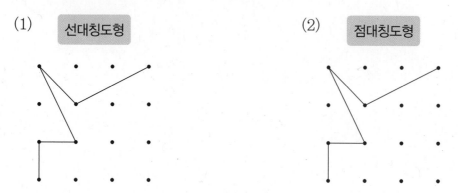

(1) 선대칭도형

(2) 점대칭도형

| 경시대회 기출 |

2 점판 위에 평행사변형이 아닌 사다리꼴 중에서 선대칭도형을 모두 그려 보시오. (단, 돌리거나 뒤집어서 같은 것은 한 가지로 생각합니다.)

3 가와 나는 크기가 같은 정사각형을 붙여 만든 도형입니다. 가와 나를 붙여 만들 수 있는 선대칭도형을 모두 그려 보시오. (단, 돌리거나 뒤집어서 같은 것은 한 가지로 생각합니다.)

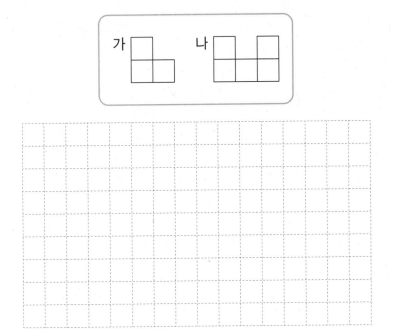

4 합동인 정사각형 5개를 변과 변이 맞닿도록 이어 붙여 만들 수 있는 선대칭도형과 점대칭도형은 각각 몇 가지입니까? (단, 돌리거나 뒤집어서 같은 것은 한 가지로 생각합니다.)

정답과 풀이 53쪽 ▶

6-1. 최단 거리 구하기

1 빨간색 선은 점 ㄷ, 점 ㄱ, 점 ㄹ을 연결한 선이고, 파란색 선은 점 ㄷ, 점 ㄴ, 점 ㄹ을 연결한 선입니다. 빨간색 선과 파란색 선 중에 길이가 더 짧은 선을 고르시오.

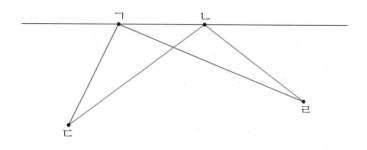

2 상혁이는 집에서 출발하여 문구점에 들렀다가 학교에 가려고 합니다. 최단 거리로 가려면 몇 번 문구점에 들러야 하는지 구하시오.

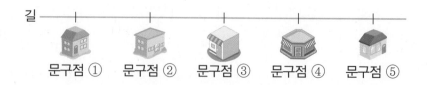

점 ㄱ에서 출발하여 직선 가에 있는 한 점을 지나 점 ㄴ으로 가는 최단 거리는?

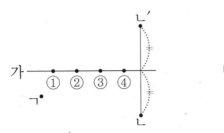

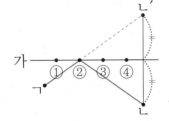

직선 가를 대칭축으로 했을 때 점 ㄴ의 대칭점을 ㄴ′이라고 합니다.

점 ㄱ과 점 ㄴ′을 잇는 선분을 그었을 때 직선 가에 있는 ②번 점을 지나므로 점 ㄱ에서 직선 가에 있는 ②번 점을 지나 점 ㄴ으로 가는 길이 최단 거리입니다.

──── 직선을 대칭축으로 하여 한 점의 대응점을 찾아 구합니다.

최상위 사고력

한 쪽에는 강이 흐르고 반대편에는 풀밭이 있는 직사각형 모양의 땅이 있습니다. 목동이 소를 몰고 점 ㄱ을 출발하여 풀밭에 가서 소에게 풀을 먹인 후 강에 가서 물을 먹이고 점 ㄴ으로 갈 때, 최단 거리를 그려 보시오.

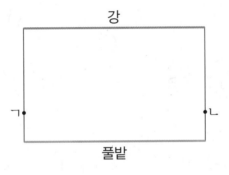

6-2. 점대칭도형을 합동인 도형으로 나누기

1 점선을 따라 선을 그어 다음 도형을 합동인 도형 2개로 나누려고 합니다. 모든 방법을 찾아 선을 그어 보시오.

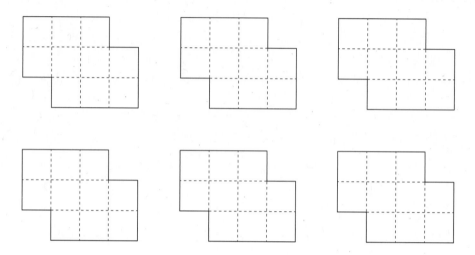

2 점선을 따라 선을 그어 다음 도형을 합동인 도형 2개로 나누려고 합니다. 서로 다른 방법이 모두 몇 가지인지 구하시오. (단, 나누어 만든 도형을 돌리거나 뒤집어서 같은 모양은 한 가지로 생각합니다.)

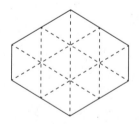

점대칭도형을 합동인 도형 2개로 나누는 방법은?

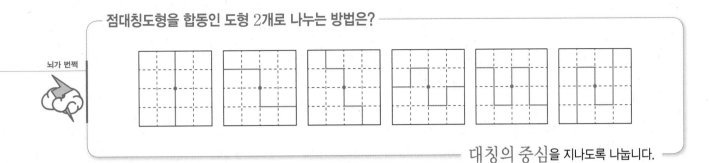

대칭의 중심을 지나도록 나눕니다.

점선을 따라 선을 그어 다음 도형을 합동인 도형 4개로 나누려고 합니다. ★이 같은 개수씩 포함되도록 나누어 보시오. (단, 나누어 만든 도형에서 ★의 위치는 달라도 됩니다.)

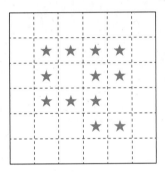

정답과 풀이 57쪽 ▶

6-3. 디지털 숫자

땀이 뻘뻘

1 0부터 9까지의 디지털 숫자를 사용하여 선대칭도형이나 점대칭도형이 되는 수를 만들려고 합니다. 다음 물음에 답하시오. (단, 숫자는 여러 번 사용할 수 있습니다.)

$$0 1 2 3 4 5 6 7 8 9$$

(1) 세 자리 수 중에서 선대칭도형이 되는 수 중 두 번째로 작은 수를 구하시오.

(2) 네 자리 수 중에서 점대칭도형이 되는 수 중 두 번째로 큰 수를 구하시오.

(3) 5000과 8000 사이의 네 자리 수 중에서 점대칭도형이 되는 수는 모두 몇 개인 지 구하시오.

0부터 9까지의 디지털 숫자 중 선대칭도형과 점대칭도형이 되는 숫자는?

• 선대칭도형 숫자

• 점대칭도형 숫자
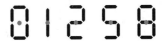

최상위
사고력

하연이는 다음 숫자 카드 중 4장을 사용하여 네 자리 수를 만들고, 재환이는 하연이가 만든 수를 180° 돌려서 보았습니다. 하연이가 만든 수에서 재환이가 본 수를 뺀 값이 5652일 때, 하연이가 만든 네 자리 수를 구하시오.

정답과 풀이 58쪽 ▶

1 주호는 다음 숫자 카드 중 3장을 한 번씩 사용하여 세 자리 수를 만들어 앞에 두고, 현아는 주호와 서로 마주 보고 앉아 주호가 만든 수를 바라 봅니다. 주호와 현아가 본 수가 같은 수일 때, 주호가 만들 수 있는 수 중 두 번째로 큰 수를 구하시오.

$$0 \quad 1 \quad 2 \quad 3 \quad 4 \quad 5 \quad 6 \quad 7 \quad 8 \quad 9$$

| 경시대회 기출 |

2 한가운데 구멍이 뚫린 도형을 점선을 따라 선을 그어 합동인 도형 4개로 나누려고 합니다. 모든 방법을 찾아 선을 그어 보시오. (단, 나누어 만든 도형을 돌리거나 뒤집어서 같은 모양은 한 가지로 생각합니다.)

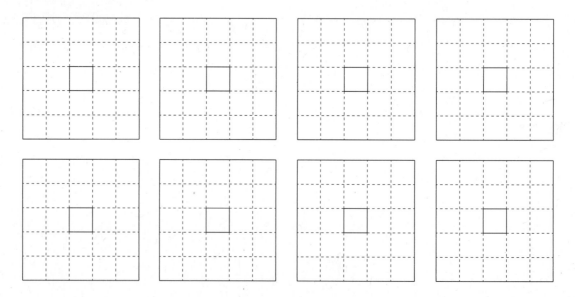

3 점 ㄱ에서 출발하여 선분 가와 선분 나를 차례대로 지나 다시 점 ㄱ으로 돌아왔을 때, 점 ㄱ이 움직이는 최단 거리를 그려 보시오.

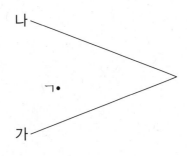

| 경시대회 기출 |

4 직사각형 ㄱㄴㄷㄹ에서 점 ㅁ은 선분 ㄴㄷ에서 왼쪽과 오른쪽으로 반복하여 움직이는 점이고, 점 ㅂ은 선분 ㄷㄹ에서 위쪽과 아래쪽으로 반복하여 움직이는 점이고 점 ㅅ은 선분 ㄱㄹ에 고정된 점입니다. 점 ㄱ, 점 ㅁ, 점 ㅂ, 점 ㅅ을 차례로 연결했을 때 최단 거리를 그려 보시오.

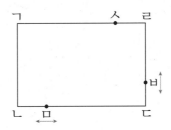

정답과 풀이 60쪽 ▶

1 합동인 두 삼각형을 고르시오.

①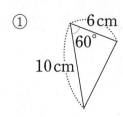

②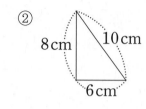

③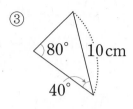

④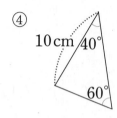

⑤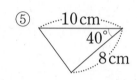

⑥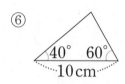

2 합동인 2개의 사다리꼴 모양의 종이를 길이가 같은 변끼리 이어 붙여 만들 수 있는 점대칭도형은 모두 몇 가지인지 구하시오. (단, 돌리거나 뒤집어서 같은 모양은 한 가지로 생각합니다.)

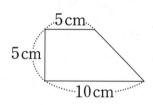

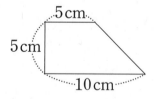

3 여섯 개의 점 중 세 점을 골라 삼각형을 만들 때, 주어진 선 중 하나를 대칭축으로 하는 선대칭도형이 되는 삼각형을 모두 그려 보시오.

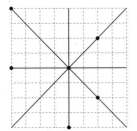 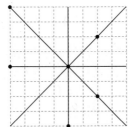 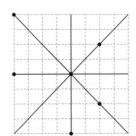 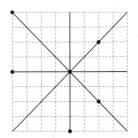

4 정사각형 12개를 이어 붙여 만든 점대칭도형을 선을 따라 잘라 합동인 도형 2개로 나누려고 합니다. 모든 방법을 찾아 선을 그어 보시오. (단, 자른 도형을 돌리거나 뒤집어서 같은 모양은 한 가지로 생각합니다.)

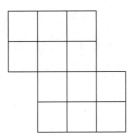 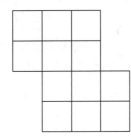 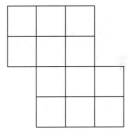

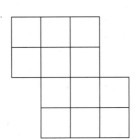 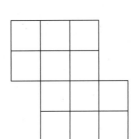

정답과 풀이 62쪽 ▶

5 한 변의 길이가 4 cm인 정사각형 모양의 색종이 4장을 겹쳐 놓았습니다. 점 ○이 각 색종이의 중심이고, 색종이가 겹친 부분을 다음과 같이 색칠했을 때 색칠한 부분의 넓이를 구하시오.

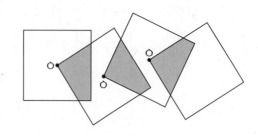

6 정사각형 7개를 이어 붙여 만든 도형에 바둑돌 3개를 모두 놓아 선대칭도형과 점대칭도형을 만들려고 합니다. 정사각형 한 칸에 바둑돌을 1개씩만 놓을 수 있을 때, 선대칭도형과 점대칭도형은 각각 몇 가지씩 만들어집니까? (단, 돌리거나 뒤집어서 같은 모양은 한 가지로 생각합니다.)

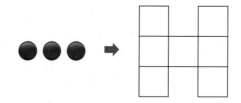

도형 (2)

7 정육면체의 전개도

7-1. 전개도의 가짓수

1 정육면체의 전개도가 아닌 것을 모두 고르시오.
└── 정육면체의 모서리를 잘라서 펼친 그림

① 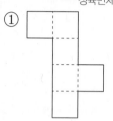   ② 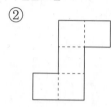   ③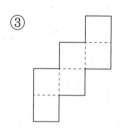

④ 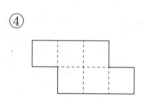   ⑤ 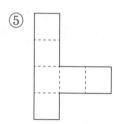   ⑥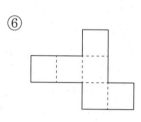

2 한 모서리의 길이가 모두 1 cm인 정육면체의 전개도를 모두 그려 보시오. (단, 돌리거나 뒤집어서 같은 모양은 한 가지로 생각합니다.)

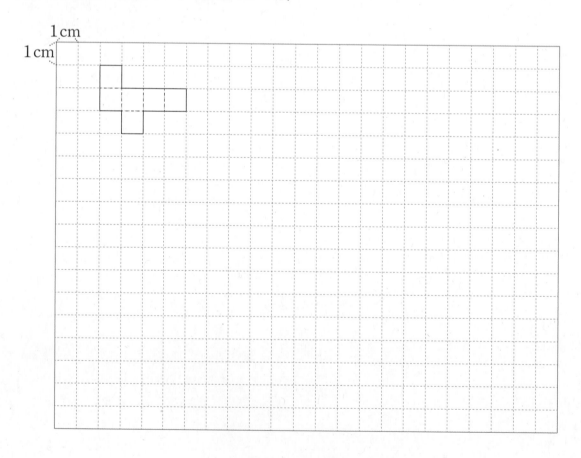

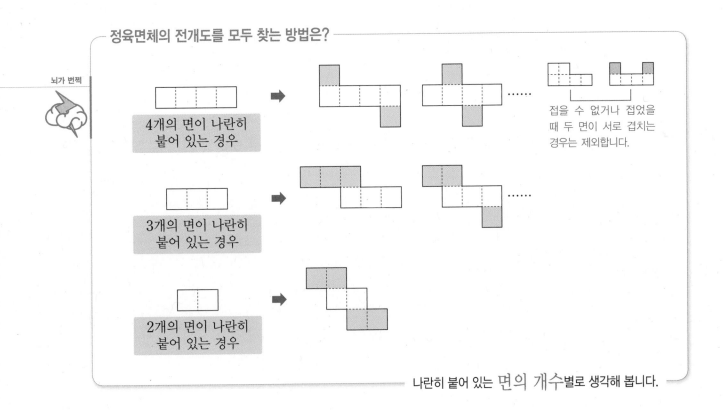

정육면체의 전개도를 모두 찾는 방법은?

뇌가 번쩍

4개의 면이 나란히
붙어 있는 경우

3개의 면이 나란히
붙어 있는 경우

2개의 면이 나란히
붙어 있는 경우

접을 수 없거나 접었을
때 두 면이 서로 겹치는
경우는 제외합니다.

나란히 붙어 있는 **면**의 **개수**별로 생각해 봅니다.

**최상위
사고력**

뚜껑이 없는 정육면체 모양의 상자입니다. 이 상자의 전개도는 모두 몇 가지인지 구하시오.
(단, 돌리거나 뒤집어서 같은 모양은 한 가지로 생각합니다.)

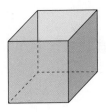

정답과 풀이 66쪽 ▶

7-2. 제한된 범위에서 전개도 그리기

1 주어진 모눈판에 서로 다른 모양의 정육면체의 전개도를 하나씩 그려 보시오. (단, 돌리거나 뒤집어서 같은 모양은 한 가지로 생각합니다.)

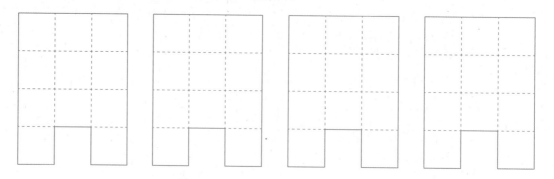

2 다음 직사각형 모양의 종이에 한 모서리의 길이가 가장 긴 정육면체의 전개도를 그릴 때, 그린 전개도를 접어 만들 수 있는 정육면체의 한 모서리의 길이는 몇 cm입니까?

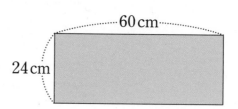

뇌가 번쩍

정육면체의 전개도를 그리기 위해 필요한 모눈의 크기는?

① 나란히 붙어 있는 면이 최대 4개인 경우

② 나란히 붙어 있는 면이 최대 3개인 경우

③ 나란히 붙어 있는 면이 최대 2개인 경우

또는 모양의 모눈이 필요합니다.

최상위 사고력

주어진 모눈판에 정육면체의 전개도를 서로 겹치지 않게 2개 그려 보시오. (단, 전개도의 모양이 같아도 됩니다.)

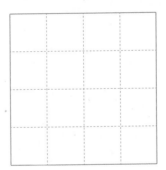

7-3. 전개도에서 서로 마주 보는 면 찾기

1 정육면체 전개도의 일부분입니다. 면 하나를 더 그려 전개도를 완성하려고 할 때, 만들 수 있는 전개도를 모두 그려 보시오.

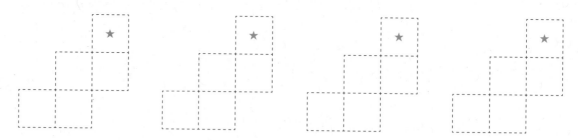

2 각 면에 1부터 6까지의 숫자가 쓰여진 정육면체의 전개도를 두 가지 방법으로 나타낸 것입니다. ㉠×㉡×㉣의 값을 구하시오. (단, 숫자가 적힌 방향은 생각하지 않습니다.)

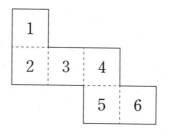

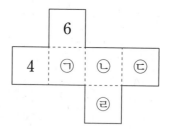

정육면체의 전개도에서 서로 마주 보는 면 찾기

① 가로 또는 세로 방향으로 두 번 건너뛴 위치에 있는 두 면

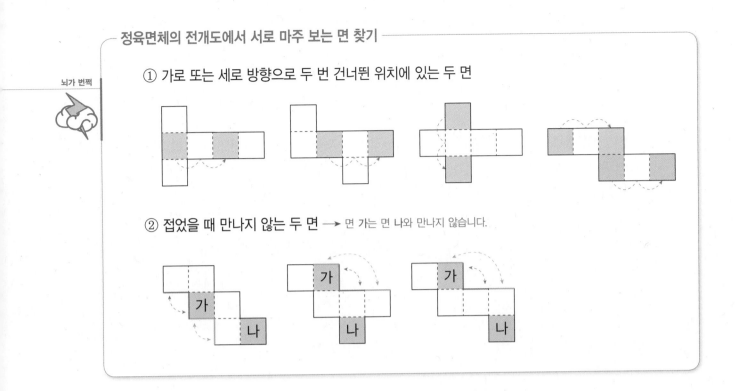

② 접었을 때 만나지 않는 두 면 ──→ 면 가는 면 나와 만나지 않습니다.

최상위 사고력

|보기|는 각 면에 4부터 9까지의 숫자가 하나씩 적힌 정육면체를 여러 방향에서 본 모양입니다. 전개도의 빈칸에 알맞은 수를 써넣으시오. (단, 숫자가 적힌 방향은 생각하지 않습니다.)

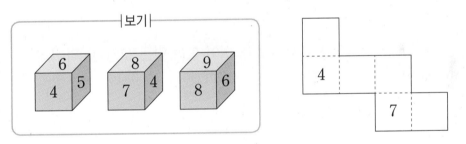

1 면 ㉠을 제외한 나머지 면에 1부터 5까지의 숫자를 하나씩 써넣으려고 합니다. 면 ㉠과 수직인 면에 적힌 숫자의 합이 가장 크게 될 때, 숫자 1을 써야 할 면을 찾아 색칠하시오.

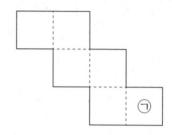

2 다음은 색종이 3장을 겹치지 않게 이어 붙여 만든 모양입니다. 다음과 같은 모양 2개를 이용하여 만들 수 있는 전개도는 모두 몇 가지인지 구하시오. (단, 돌리거나 뒤집어서 같은 모양은 한 가지로 생각합니다.)

3 다음과 같은 모눈판에 선을 따라 정육면체의 전개도를 그린 뒤, 오려서 정육면체를 만들었습니다. 만든 정육면체의 각 면에 쓰여 있는 수들의 합이 가장 큰 경우와 가장 작은 경우의 전개도를 각각 모눈판에 그려 보시오.

1	10	9
2	11	8
3	12	7
4	13	6

합이 가장 큰 경우

1	10	9
2	11	8
3	12	7
4	13	6

합이 가장 작은 경우

4 주어진 모눈판에 서로 다른 모양의 정육면체의 전개도를 서로 겹치지 않게 3개 그려 보시오. (단, 돌리거나 뒤집어서 같은 모양은 한 가지로 생각합니다.)

정답과 풀이 73쪽 ▶

8-1. 전개도에 선 긋기

1 왼쪽 정육면체의 전개도가 오른쪽과 같을 때 정육면체의 세 면에 그은 선분을 전개도에 선으로 나타내시오.

(1)

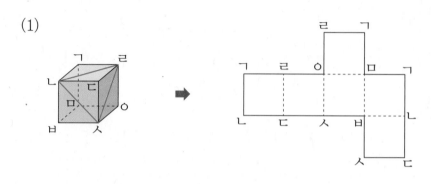

(2)

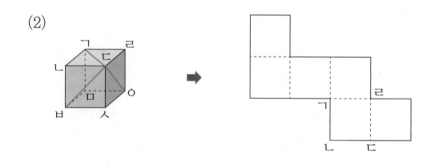

(3)

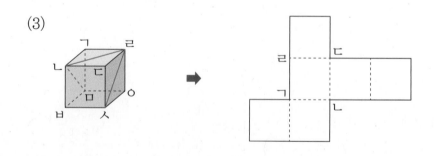

정육면체에 그은 선분을 전개도에 나타내는 방법은?

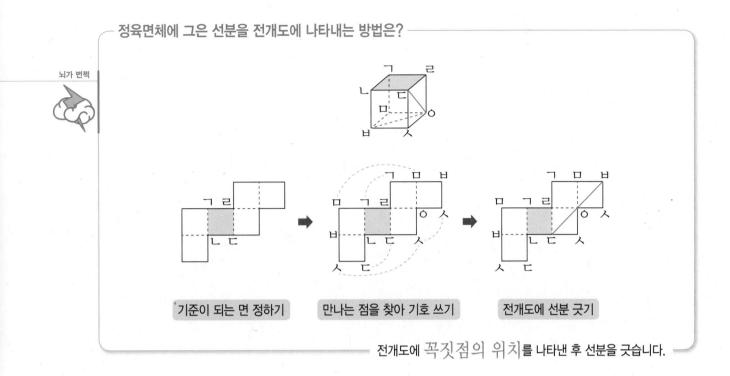

| 기준이 되는 면 정하기 | 만나는 점을 찾아 기호 쓰기 | 전개도에 선분 긋기 |

전개도에 **꼭짓점의 위치**를 나타낸 후 선분을 긋습니다.

최상위 사고력

왼쪽 전개도를 접어 만든 정육면체가 오른쪽과 같을 때, 전개도에 그은 선분을 겨냥도에 나타 내시오. (단, 보이는 선은 실선으로, 보이지 않는 선은 점선으로 나타냅니다.)

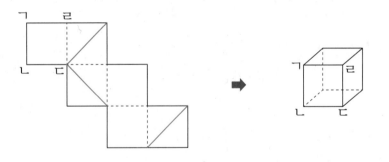

8-2. 보이지 않는 면의 무늬 알기

1 전개도를 접었을 때 만들어지는 정육면체를 찾아 기호를 쓰시오. (단, 보이는 면이 바깥쪽이 되도록 접고, 모양의 방향은 생각하지 않습니다.)

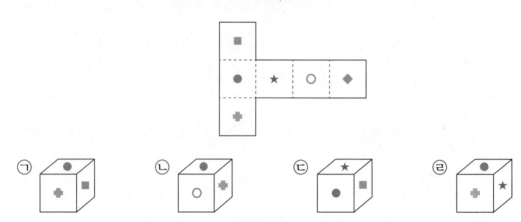

2 각 면에 1부터 6까지의 숫자가 하나씩 적힌 정육면체를 두 방향에서 본 모양입니다. 마주 보는 면에 적힌 숫자끼리 짝을 지어 나타내시오. (단, 숫자의 방향은 생각하지 않습니다.)

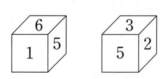

뇌가 번쩍

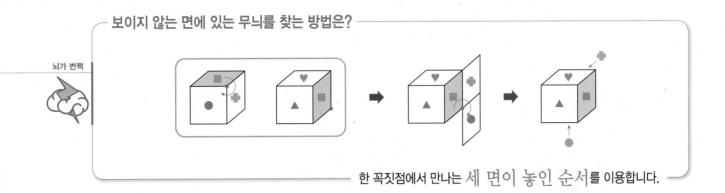

한 꼭짓점에서 만나는 세 면이 놓인 순서를 이용합니다.

최상위 사고력

각 면에 알파벳 A, B, C, D, E, F가 하나씩 적힌 정육면체를 두 방향에서 본 모양입니다. 오른쪽 전개도의 빈 곳에 알파벳을 알맞게 써넣으시오. (단, 알파벳의 방향은 생각하지 않습니다.)

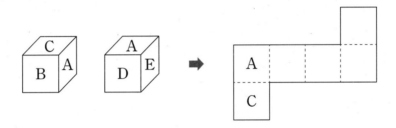

8-3. 전개도의 면 이동하기

1 |보기|는 정육면체 전개도의 한 면을 옮겨 다른 모양의 전개도를 만든 것입니다. |보기|의 방법을 이용하여 같은 모양의 정육면체를 만들 수 없는 것을 찾아 기호를 쓰시오.

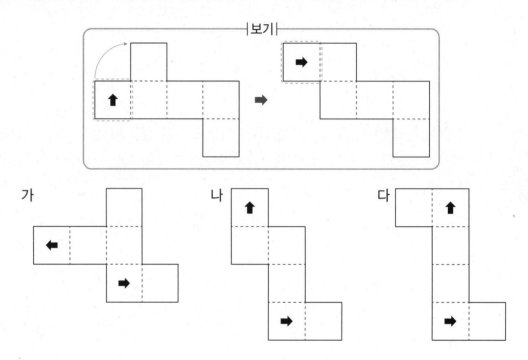

2 왼쪽은 무늬가 있는 정육면체의 전개도입니다. 이 정육면체의 전개도를 오른쪽과 같이 나타낼 때, 빈 곳에 알맞게 무늬를 그려 넣으시오.

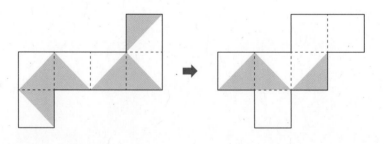

무늬가 있는 정육면체의 전개도의 모양을 바꾸는 방법은?

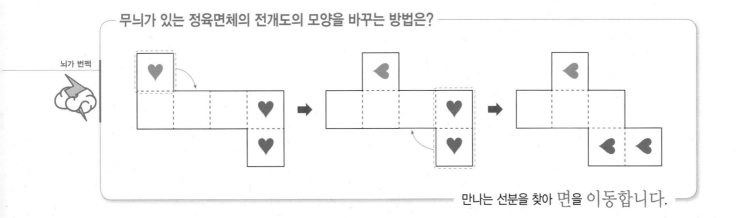

만나는 선분을 찾아 면을 이동합니다.

다음과 같이 뚜껑이 없는 투명한 정육면체 모양의 통에 물을 반만 채운 후, 물이 닿은 면적에 파란색 페인트를 칠했습니다. 페인트가 칠해진 부분을 찾아 오른쪽에 있는 두 가지 전개도에 각각 색칠하시오.

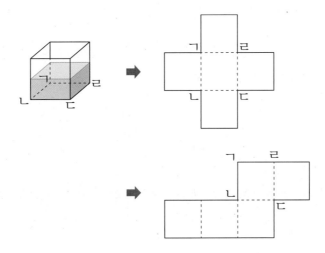

정답과 풀이 79쪽 ▶

1 전개도를 접었을 때 만들어지는 정육면체를 찾아 번호를 쓰시오.

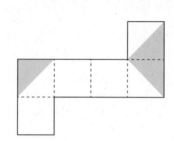

| 경시대회 기출 |

2 각 면에 1부터 6까지의 숫자가 쓰여진 정육면체의 전개도를 두 가지 방법으로 나타낸 것입니다. ㉠, ㉡, ㉢, ㉣에 알맞은 수를 차례로 쓰시오. (단, 숫자의 방향은 생각하지 않습니다.)

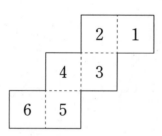 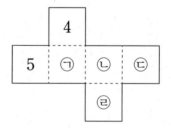

3 왼쪽 정육면체의 전개도가 오른쪽과 같을 때 정육면체의 네 면에 그은 선분을 전개도에 선으로 나타내시오.

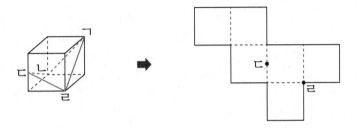

4 오른쪽 정육면체는 왼쪽 전개도를 접어 만든 것입니다. 빈 곳에 알맞은 무늬를 바르게 그려 보시오.

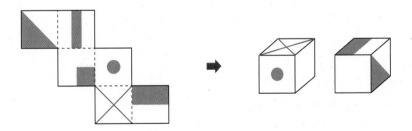

9-1. 주사위 완성하기

주사위는 1부터 6까지의 숫자가 적혀 있습니다.

1 마주 보는 면에 있는 눈의 수의 합이 7인 주사위를 여러 방향에서 본 것입니다. 면 가와 마주 보는 면에 있는 눈의 수, 면 나와 마주 보는 면에 있는 눈의 수를 차례로 쓰시오.

2 마주 보는 면에 있는 눈의 수의 합이 7인 왼쪽 주사위 3개를 붙여 오른쪽 모양을 만들었습니다. 주사위끼리 맞닿은 면에 있는 눈의 수가 같을 때, 면 가에 있는 눈의 수를 구하시오.

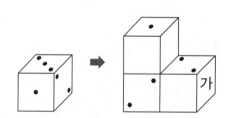

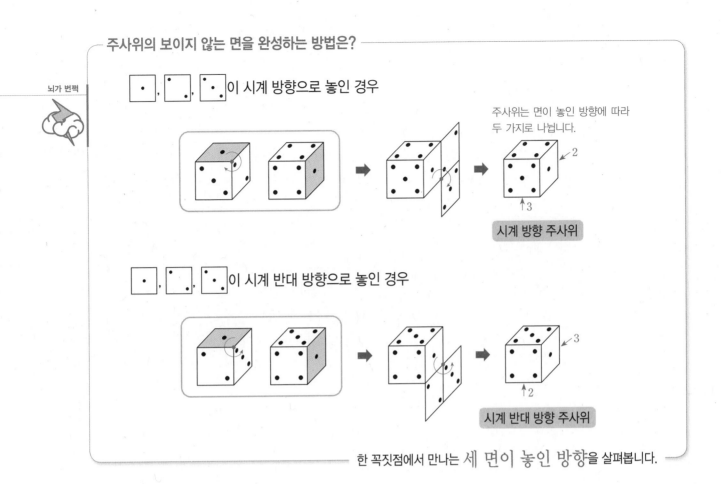

주사위의 보이지 않는 면을 완성하는 방법은?

뇌가 번쩍

⊡, ⊡, ⊡ 이 시계 방향으로 놓인 경우

주사위는 면이 놓인 방향에 따라 두 가지로 나뉩니다.

시계 방향 주사위

⊡, ⊡, ⊡ 이 시계 반대 방향으로 놓인 경우

시계 반대 방향 주사위

한 꼭짓점에서 만나는 **세 면이 놓인 방향**을 살펴봅니다.

최상위 사고력

마주 보는 면에 있는 수의 합이 7인 왼쪽 정육면체 5개를 붙여 오른쪽 모양을 만들었습니다. 정육면체끼리 맞닿은 면에 있는 수의 합이 6일 때, 면 가에 있는 수를 구하시오.

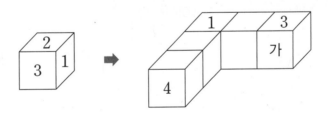

9-2. 주사위 눈의 수의 합의 최대 · 최소

1 마주 보는 면에 있는 눈의 수의 합이 7인 주사위 4개를 다음과 같이 쌓았습니다. 바닥 면을 포함하여 어느 방향에서 보아도 보이지 않는 면에 있는 눈의 수의 합을 구하시오.

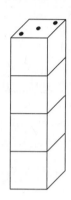

2 마주 보는 면에 있는 눈의 수의 합이 7인 주사위 4개를 붙여 만든 모양입니다. 주사위끼리 맞닿은 면에 있는 눈의 수가 같을 때 바닥 면을 포함하여 겉면에 있는 눈의 수의 합이 가장 클 때의 값을 구하시오.

(1)

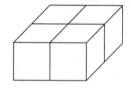

(2)

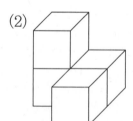

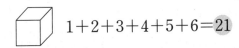

주사위 2개를 붙였을 때 겉면에 있는 눈의 수의 합이 최대, 최소인 경우는?

① 주사위 1개의 모든 눈의 수의 합 구하기

$1+2+3+4+5+6=$ **21**

② 전체 눈의 수의 합에서 맞닿은 면에 있는 눈의 수 빼기

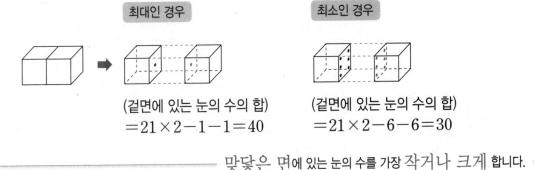

최대인 경우

(겉면에 있는 눈의 수의 합)
$=21×2-1-1=40$

최소인 경우

(겉면에 있는 눈의 수의 합)
$=21×2-6-6=30$

맞닿은 면에 있는 눈의 수를 가장 작거나 크게 합니다.

최상위 사고력

마주 보는 면에 있는 눈의 수의 합이 7인 주사위 9개를 붙여 만든 모양입니다. 바닥 면을 포함하여 겉면에 있는 눈의 수의 합이 가장 작을 때의 값을 구하시오.

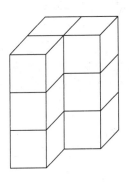

9-3. 주사위의 이동

1 마주 보는 면에 있는 눈의 수의 합이 7인 주사위를 화살표 방향으로 한 칸씩 굴려 색칠한 곳까지 옮겼을 때, 주사위의 윗면에 있는 눈의 수를 각각 구하시오.

(1)

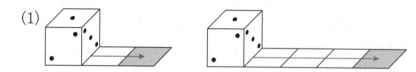

(2)

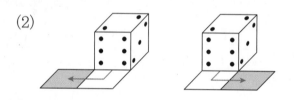

(3)

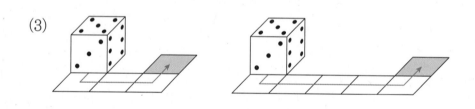

(4)

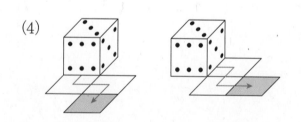

마주 보는 면에 있는 눈의 수의 합이 7인 주사위를 굴렸을 때 윗면에 있는 눈의 수는?

뇌가 번쩍

I형	L형	U형	N형

• 2번 굴리면 처음 바닥에 있던 면이 윗면이 됩니다.
• 4번 굴리면 윗면이 처음과 같습니다.

• 옆면이 윗면이 됩니다.

• 윗면이 처음과 같습니다

• 처음 바닥에 있던 면이 윗면이 됩니다.

굴리는 방향에 따라 달라집니다.

마주 보는 면에 있는 수의 합이 7인 주사위를 화살표 방향으로 한 칸씩 굴려 색칠한 곳까지 옮겼을 때, 주사위의 윗면에 있는 수를 구하시오.

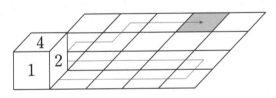

정답과 풀이 86쪽 ▶

| 경시대회 기출 |

1 마주 보는 면에 있는 눈의 수의 합이 7인 주사위입니다. 점 ㄱ, 점 ㄴ, 점 ㄷ, 점 ㄹ에 각각 모이는 세 면의 눈의 수의 합을 모두 더한 값을 구하시오.

2 마주 보는 면에 있는 눈의 수의 합이 7인 주사위 ■개를 다음과 같이 한 줄로 붙여 놓았습니다. 바닥 면을 포함하여 겉면에 있는 눈의 수의 합이 가장 클 때의 값을 ■를 사용하여 나타내시오.

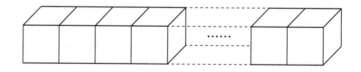

3
똑같은 주사위 5개를 서로 맞닿은 면에 있는 눈의 수의 합이 8이 되도록 다음과 같이 붙여 만든 모양입니다. ㉠에 있는 눈의 수를 구하시오. (단, 주사위에서 서로 마주 보는 면에 있는 눈의 수의 합은 7입니다.)

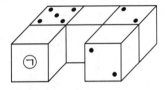

| 경시대회 기출 |

4
마주 보는 면에 있는 눈의 수의 합이 7인 주사위를 ①번부터 한 칸씩 차례대로 굴려 ⑭번까지 옮겼을 때 주사위의 윗면이 처음과 같은 칸을 모두 찾아 번호를 쓰시오.

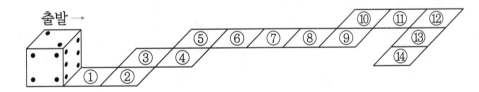

정답과 풀이 87쪽 ▶

10-1. 선분의 길이와 각의 크기

1 주어진 각의 크기를 구하시오.

(1) 각 ㅂㅇㅅ

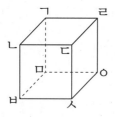

(2) 각 ㄴㅅㅇ

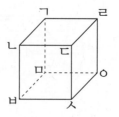

(3) 각 ㄱㅂㅇ

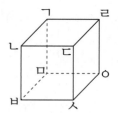

TIP 주어진 각이 포함된 삼각형을 그려 각의 크기를 구해 봅니다.

2 정육면체에서 삼각형 ㄱㅂㅇ과 합동인 삼각형은 삼각형 ㄱㅂㅇ을 포함하여 모두 몇 개를 그릴 수 있습니까?

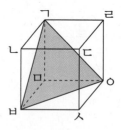

정육면체에서 두 꼭짓점을 이어 그을 수 있는 길이가 다른 선분은 몇 가지일까?

① 정육면체의 한 모서리
➡ 예 모서리 ㄱㄴ, 모서리 ㄴㄷ, 모서리 ㄴㅂ……

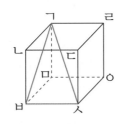

② 정육면체의 한 면의 대각선
➡ 예 선분 ㄱㄷ, 선분 ㄱㅂ, 선분 ㄴㅅ……

③ 정육면체의 대각선 ┌ 정육면체에서 가장 멀리 있는 두 꼭짓점을 연결한 선
➡ 예 선분 ㄱㅅ, 선분 ㄴㅇ, 선분 ㅂㄹ, 선분 ㄷㅁ

└ 모두 3가지 길이로 그을 수 있습니다.

최상위
사고력

정육면체에서 삼각형 ㄱㅂㅅ과 합동인 삼각형은 삼각형 ㄱㅂㅅ을 포함하여 모두 몇 개를 그릴 수 있습니까?

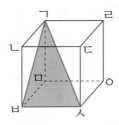

정답과 풀이 90쪽 ▶

10-2. 정육면체의 단면

1 주어진 점을 연결하여 정육면체를 자른 단면이 주어진 도형이 되도록 그려 보시오. (단, 각 모서리의 중간에 있는 점은 각 모서리의 한가운데에 있는 점입니다.)

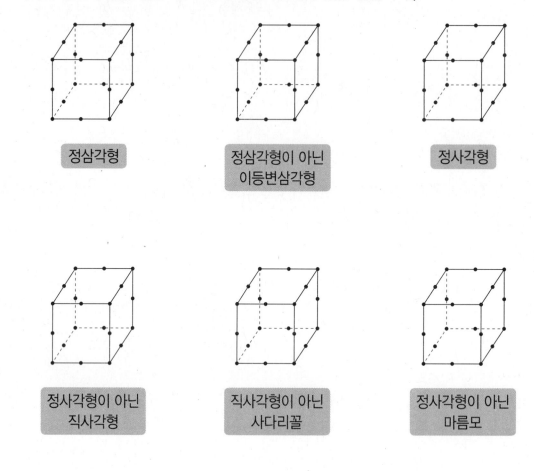

정삼각형

정삼각형이 아닌 이등변삼각형

정사각형

정사각형이 아닌 직사각형

직사각형이 아닌 사다리꼴

정사각형이 아닌 마름모

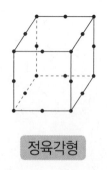

정육각형

TIP 단면: 입체도형을 평면으로 잘랐을 때 생기는 면 정육면체를 잘랐을 때 단면의 변이 생기는 위치는?

면에 생기는 경우	면과 모서리에 생기는 경우
	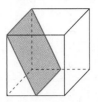
세 면에 각각 한 개의 변이 생깁니다.	세 면에 각각 한 개의 변이 생기고, 한 모서리에 한 개의 변이 생깁니다.

면 또는 모서리에 생깁니다.

최상위 사고력

|보기|를 이용하여 정육면체를 자른 단면이 칠각형이 될 수 없는 이유를 설명해 보시오.

|보기|

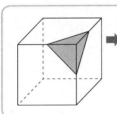 ➡ 정육면체를 자른 단면이 정육면체의 면 3개를 지나면 단면의 변의 개수가 최소 3개가 됩니다.

10-3. 투명한 정육면체

1 투명한 정육면체에 다음과 같이 빨간색 선을 그었습니다. 정육면체를 위, 앞, 오른쪽 옆에서 본 모양을 그려 보시오.

(1)

(2)

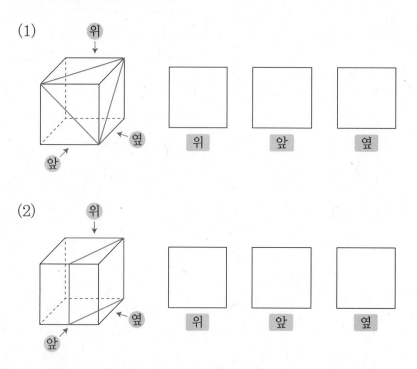

2 투명한 정육면체 안에 다음과 같이 빨간색 선이 지납니다. 정육면체를 위, 앞, 오른쪽 옆에서 본 모양을 그려 보시오.

(1)

(2)

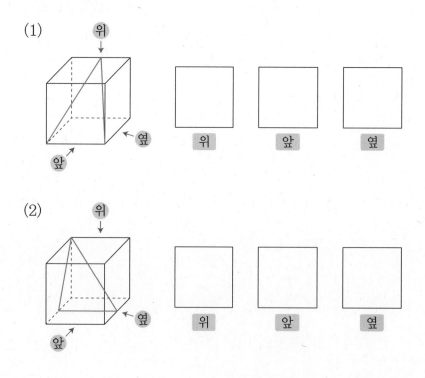

앞에서 본 모양으로 알 수 있는 투명한 정육면체 안을 지나는 선의 위치는?

앞에서 본 모양

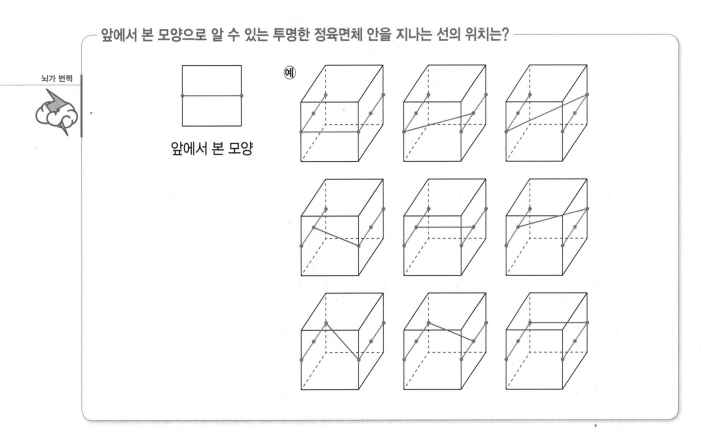

왼쪽은 투명한 정육면체 안을 지나는 3개의 빨간색 선을 위, 앞, 옆에서 본 모양입니다. 오른쪽 투명한 정육면체에 알맞게 선을 그으시오. (단, 각 모서리의 중간에 있는 점은 각 모서리의 한가운데 점입니다.)

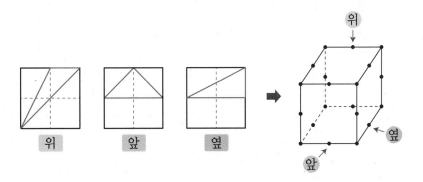

위   앞   옆

1 정육면체에서 색칠된 사각형과 합동인 단면이 나오도록 정육면체를 자르는 방법은 색칠된 사각형을 포함하여 모두 몇 가지인지 구하시오.

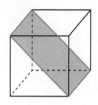

| 경시대회 기출 |

2 정육면체를 잘랐을 때 단면의 모양이 될 수 없는 것을 모두 골라 기호를 쓰시오.

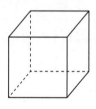

ㄱ 직사각형이 아닌 사다리꼴   ㄴ 직각삼각형

ㄷ 정사각형이 아닌 마름모   ㄹ 오각형

ㅁ 정삼각형이 아닌 이등변삼각형   ㅂ 팔각형

3 전개도를 접었을 때 만들어지는 정육면체에서 각 ㄱㄴㄷ의 크기를 구하시오.

문제풀이

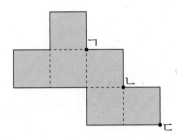

4 오른쪽은 투명한 정육면체에 점 ㄱ과 점 ㅅ을 잇는 가장 짧은 선을 그은 것입니다. 물음에 답하시오.

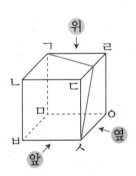

(1) 정육면체를 위, 앞, 옆에서 본 모양을 그려 보시오.

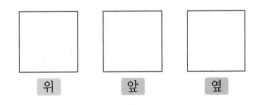

위　　　　앞　　　　옆

(2) 주어진 선을 포함하여 점 ㄱ과 점 ㅅ을 잇는 가장 짧은 선은 모두 몇 개를 그을 수 있는지 구하시오.

11-1. 직육면체 만들기

땀이 뻘뻘

1 주어진 직사각형 6개로 만들 수 있는 직육면체의 겨냥도를 그린 후 모서리의 길이를 표시 해 보시오.

(1)

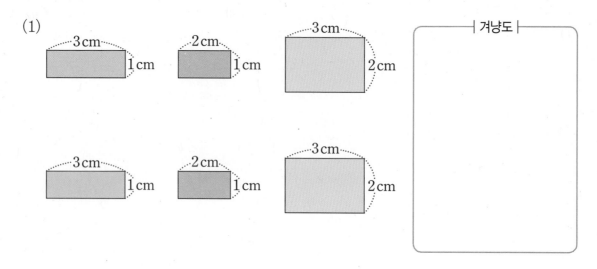

(2)

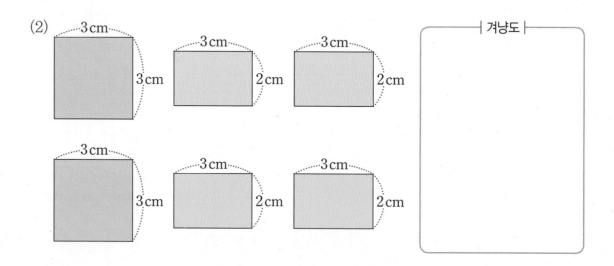

직육면체를 만들 수 있는 사각형은?

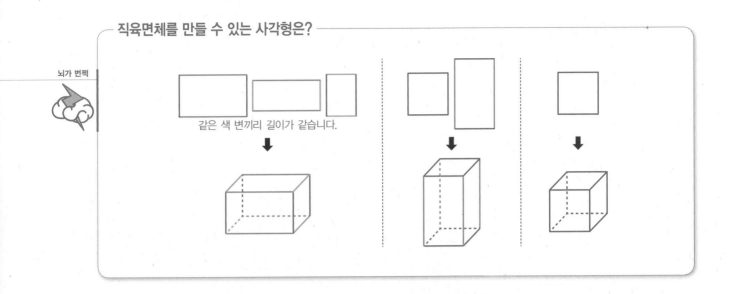

같은 색 변끼리 길이가 같습니다.

서로 다른 4종류의 직사각형 가, 나, 다, 라가 여러 개씩 있습니다. 직사각형 하나를 한 면으로 하는 직육면체를 만들 때, 서로 다른 모양의 직육면체는 모두 몇 가지 만들 수 있는지 구하시오.

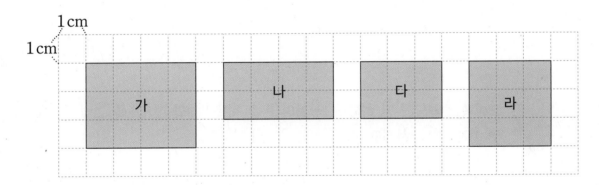

정답과 풀이 96쪽 ▶

11-2. 직육면체의 전개도

1 왼쪽 직육면체를 잘라 오른쪽 전개도를 만들었습니다. 잘라야 하는 모서리의 수와 자르지 않아야 하는 모서리의 수를 차례로 쓰시오.

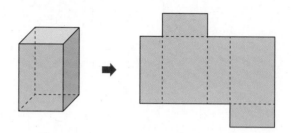

2 오른쪽 전개도에 면 하나를 더 붙여 왼쪽 직육면체의 전개도를 그릴 수 있는 방법은 모두 몇 가지인지 구하시오.

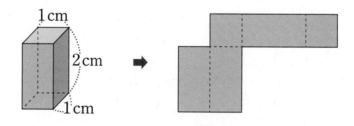

직육면체의 전개도가 아닌 경우는?

① 만나는 모서리의 길이가
  같지 않습니다.

② 마주 보는 면의 모양이
  같지 않습니다.

③ 접었을 때 두 면이 서로
  겹쳐집니다.

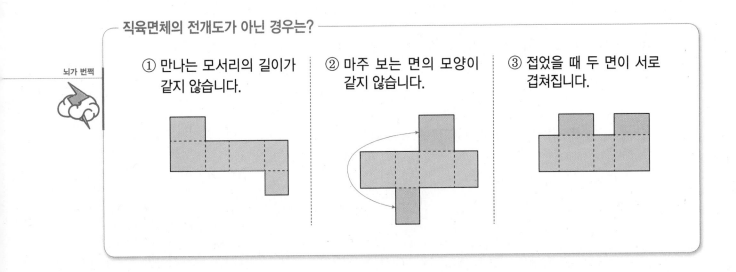

최상위 사고력

잘린 모눈종이에 직사각형 3개를 더 그려 넣어 왼쪽 직육면체의 전개도를 완성하려고 합니다. 직육면체의 전개도를 완성할 수 있는 방법은 모두 몇 가지인지 구하시오.

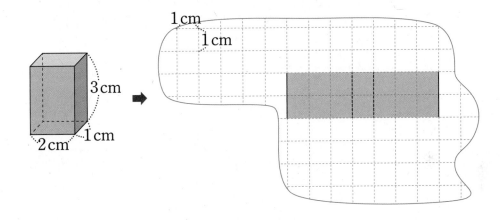

정답과 풀이 98쪽 ▶

11-3. 직육면체의 전개도 둘레의 최대·최소

1 오른쪽 직육면체를 보고 물음에 답하시오.

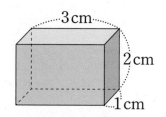

(1) 직육면체의 전개도를 여러 가지 모양으로 그린 것입니다. 각 전개도의 둘레를 구하여 차례로 쓰시오.

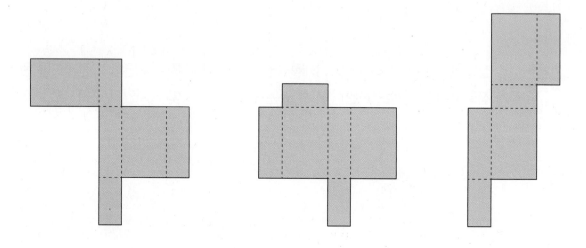

(2) 직육면체의 전개도 중에서 둘레가 가장 짧을 때의 전개도를 그리고 전개도의 둘레를 구하시오.

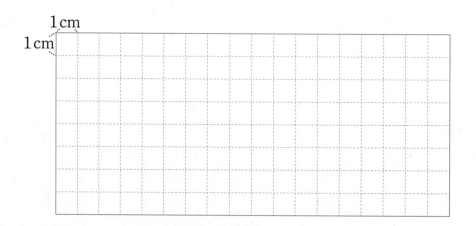

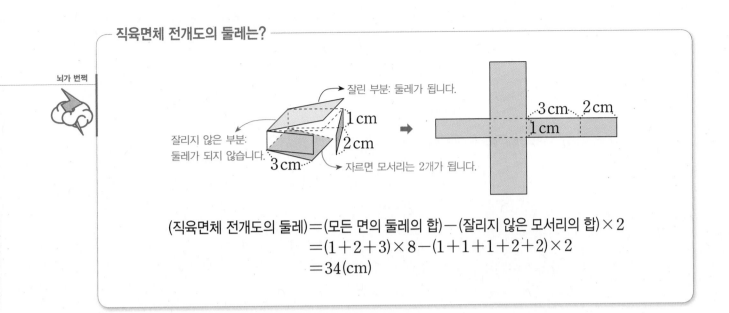

직육면체 전개도의 둘레는?

잘린 부분: 둘레가 됩니다.

잘리지 않은 부분: 둘레가 되지 않습니다.

자르면 모서리는 2개가 됩니다.

(직육면체 전개도의 둘레)＝(모든 면의 둘레의 합)－(잘리지 않은 모서리의 합)×2
＝(1＋2＋3)×8－(1＋1＋1＋2＋2)×2
＝34(cm)

최상위 사고력

주어진 직육면체의 여러 가지 전개도 중에서 둘레가 가장 길 때의 전개도의 둘레를 구하시오.

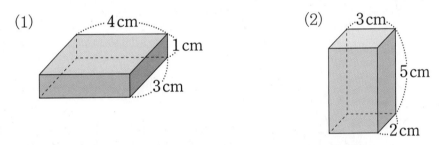

(1)   4 cm   1 cm   3 cm

(2)   3 cm   5 cm   2 cm

TIP 어느 부분을 잘라야 전개도의 둘레가 가장 길게 되는지 생각해 봅니다.

1 다음 직육면체의 전개도를 주어진 모눈종이에 그려 보시오.

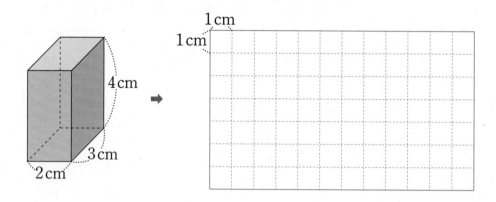

| 경시대회 기출 |

2 주어진 정육면체의 전개도를 그린 것과 같은 방법으로 모서리의 길이가 1 cm, 4 cm, 6 cm 인 직육면체 전개도를 그렸을 때 선분 ㄱㄴ이 가장 길 때와 가장 짧을 때의 길이를 각각 구하시오.

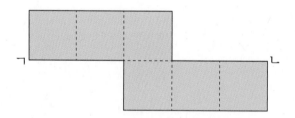

3

다음 직육면체 6개를 붙여 서로 다른 모양의 직육면체를 만드는 방법은 모두 몇 가지인지 구하시오. (단, 돌리거나 뒤집어서 같은 모양은 한 가지로 생각합니다.)

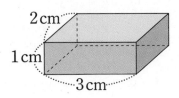

4

한 꼭짓점에서 만나는 세 모서리의 길이가 각각 1 cm, 2 cm, 4 cm인 직육면체의 전개도를 알아보려고 합니다. 물음에 답하시오.

(1) 전개도의 둘레가 가장 길 때와 가장 짧을 때의 길이를 각각 구하시오.

(2) 전개도의 둘레가 될 수 있는 길이는 모두 몇 가지인지 구하시오.

1 정사각형 1개를 더 이어 붙여 다음 정육면체의 전개도를 완성하려 합니다. 만들 수 있는 정육면체의 전개도는 모두 몇 가지인지 구하시오. (단, 돌리거나 뒤집어서 같은 모양은 한 가지로 생각합니다.)

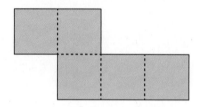

2 정육면체를 평면으로 잘랐을 때 생기는 단면의 모양이 다음 조건과 같도록 잘린 단면을 그려 보시오.

(1) 넓이가 가장 큰 정삼각형

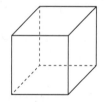

(2) 넓이가 가장 큰 직사각형

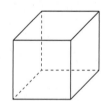

3 왼쪽 전개도를 접어 만든 정육면체가 오른쪽과 같을 때, 정육면체에 그려진 도형을 전개도에 그려 보시오.

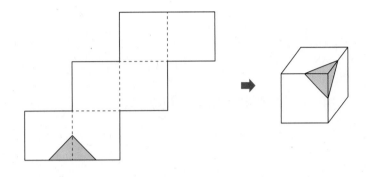

4 다음은 어떤 직육면체를 위, 앞, 옆에서 본 그림입니다. 이 직육면체의 전개도의 둘레가 가장 길 때의 길이를 구하시오.

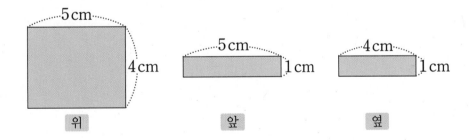

5 서로 마주 보는 면에 있는 눈의 수의 합이 7인 아래의 주사위를 다음과 같이 굴렸을 때 나오는 윗면에 있는 눈의 수를 구하시오.

(1) 뒤로 4번, 오른쪽으로 5번 굴립니다.

(2) 오른쪽, 앞쪽, 오른쪽으로 한 번씩 굴립니다.

6 똑같은 주사위 10개를 다음과 같은 모양으로 쌓았을 때 바닥 면을 제외한 모든 겉면에 있는 눈의 수의 합이 가장 클 때의 값을 구하시오. (단, 서로 마주 보는 면의 눈의 수의 합은 7입니다.)

문제풀이

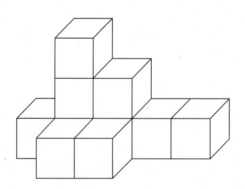

확률과 통계

확률과 통계

12-1. 합의 법칙과 곱의 법칙

1 상자 안에 파란 공 4개, 노란 공 3개가 들어 있습니다. 물음에 답하시오.

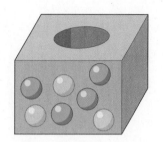

(1) 상자 안에서 공 1개를 꺼낼 때, 파란 공이 나오거나 노란 공이 나오는 경우는 모두 몇 가지인지 구하시오.

(2) 상자 안에서 공 2개를 꺼낼 때, 파란 공과 노란 공을 각각 1개씩 꺼내는 경우의 수를 구하시오.

TIP 경우의 수: 어떤 일이 일어날 수 있는 경우의 가짓수

땀이 뻘뻘 **2** 채은, 지솔, 유정, 라준, 은새 5명이 한자 급수 시험을 보았습니다. 이 시험의 결과는 합격과 불합격만 정한다고 할 때, 나올 수 있는 시험 결과는 모두 몇 가지인지 구하시오.

두 사건에 대한 경우의 수를 간단히 구하는 방법은?

동시에(또는 이어서) 일어나지 않는 경우

윗옷 또는 아래옷 1개만 고르는 경우의 수
➡ 3+2=5

합의 법칙

동시에(또는 이어서) 일어나는 경우

윗옷과 아래옷을 각각 1개씩 고르는 경우의 수
➡ 3×2=6

곱의 법칙

합의 법칙과 곱의 법칙을 이용합니다.

최상위
사고력

㉮, ㉯, ㉰ 세 곳 사이에 다음과 같은 길이 있습니다. 물음에 답하시오.

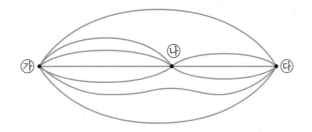

(1) ㉮에서 ㉯를 거쳐 ㉰로 가는 경우의 수를 구하시오.

(2) ㉮에서 ㉰까지 가는 경우의 수를 구하시오. (단, 한 번 지나간 곳은 다시 갈 수 없습니다.)

12-2. 순열과 조합

1 4장의 숫자 카드를 보고 물음에 답하시오.

(1) 4장의 숫자 카드 중 3장을 뽑아 만들 수 있는 세 자리 수는 모두 몇 개인지 2가지 방법으로 구하시오.

① 나뭇가지 그림을 그려 구하시오.

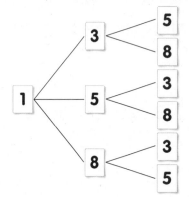

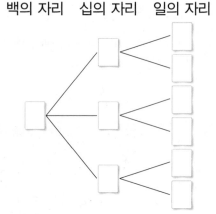

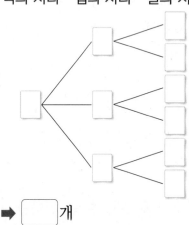

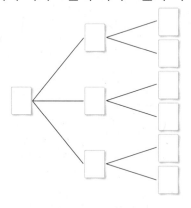

➡ ☐ 개

② 계산식을 세워 구하시오.

(2) 4장의 숫자 카드 중에서 3장의 숫자 카드를 뽑는 방법은 모두 몇 가지인지 구하시오. (단, (**1**, **3**, **5**)를 뽑은 경우와 (**1**, **5**, **3**), (**5**, **3**, **1**) 등을 뽑은 경우는 같은 경우입니다.)

뇌가 번쩍

$$1 \quad 3 \quad 4 \quad 6 \quad 8$$

숫자 카드로 수를 만드는 경우 ➡ 뽑은 순서를 생각하는 경우	숫자 카드를 뽑는 경우 ➡ 뽑은 순서를 생각하지 않는 경우
① 2장을 뽑아 두 자리 수를 만드는 방법 $5 \times 4 = 20$(가지)	① 2장을 뽑는 방법 $5 \times 4 \div (2 \times 1) = 10$(가지)
② 3장을 뽑아 세 자리 수를 만드는 방법 $5 \times 4 \times 3 = 60$(가지)	② 3장을 뽑는 방법 $5 \times 4 \times 3 \div (3 \times 2 \times 1) = 10$(가지)

① 3장을 뽑아 세 자리 수를 만드는 방법
$5 \times 4 \times 3 = 60$(가지)

— 일의 자리에 놓은 숫자 카드의 개수
— 십의 자리에 놓은 숫자 카드의 개수
— 백의 자리에 놓은 숫자 카드의 개수

② 3장을 뽑는 방법
$5 \times 4 \times 3 \div (3 \times 2 \times 1) = 10$(가지)

세 자리 수를 만드는 경우
뽑은 3장의 숫자 카드를 늘어놓는 경우

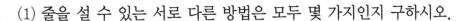

최상위 사고력 A

수영, 상미, 동현, 수진, 정우 5명이 한 줄로 줄을 서려고 합니다. 물음에 답하시오.

(1) 줄을 설 수 있는 서로 다른 방법은 모두 몇 가지인지 구하시오.

(2) 상미 바로 다음에 수진이가 서는 방법은 모두 몇 가지인지 구하시오.

최상위 사고력 B

동휘네 반에서 대표 2명을 뽑는 선거를 합니다. 다음 4명의 후보 중에서 두 가지 방식으로 대표를 뽑을 때, 각각의 경우의 수를 구하시오.

동휘, 영환, 라익, 선경

(1) 회장 1명, 부회장 1명   (2) 회장 2명

12-3. 공정한 게임

1 다음 중 가능성이 가장 높은 경우를 고르시오.

(1) 주사위 1개를 던지는 경우

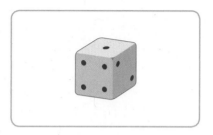

① 홀수가 나오는 경우
② 4보다 큰 수가 나오는 경우
③ 6의 약수가 나오는 경우

(2) 동전 2개를 동시에 던지는 경우

① 숫자면이 2개 나오는 경우
② 숫자면이 1개 나오는 경우
③ 숫자면이 나오지 않는 경우

2 서로 다른 3개의 수가 적힌 두 개의 과녁판 가, 나가 있습니다. 두 과녁판에 동시에 각각 화살을 한 발씩 쏘아 더 큰 수를 맞히면 이긴다고 할 때, 과녁판 가와 나 중에서 어느 과녁 판을 선택하는 것이 이길 가능성이 더 높은지 구하시오. (단, 과녁판을 맞히지 못하는 경우 는 없습니다.)

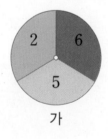

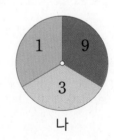

가   나

뇌가 번쩍

화살을 2번 쏘아 과녁판을 맞힐 때 나오는 점수의 합 중에서 가능성이 가장 높은 점수는?

① 나올 수 있는 모든 점수의 합

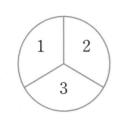

+	1	2	3
1	2	3	4
2	3	4	5
3	4	5	6

② 가장 많이 나오는 점수 찾기

점수의 합(점)	2	3	4	5	6
횟수(번)	1	2	3	2	1

➡ 4점이 가장 많이 나옵니다.

가능한 경우를 모두 찾아 판단합니다.

최상위
사고력

진우와 현서가 다음 |규칙|에 따라 주사위 던지기 게임을 하려고 합니다. 물음에 답하시오.

┤규칙├
① 두 사람이 각각 주사위를 1개씩 던집니다.
② 던져서 나온 주사위 눈의 차가 0, 1, 2이면 진우가 1점을 얻습니다.
③ 던져서 나온 주사위 눈의 차가 3, 4, 5이면 현서가 1점을 얻습니다.

(1) 진우와 현서 중에서 누구에게 더 유리한 게임입니까? 그렇게 생각한 이유를 설명하시오.

(2) |규칙| ②, ③의 조건 중에서 점수는 바꿀 수 없다고 할 때, 다른 부분을 바꾸어 게임이 공정하게 되도록 만드시오.

1 주머니 안에 파란색 구슬 3개와 빨간색 구슬 2개가 들어 있습니다. 주머니 안을 보지 않고 구슬 2개를 꺼낼 때 같은 색 구슬인 경우와 다른 색 구슬인 경우 중에서 가능성이 더 높은 경우를 쓰시오.

| 경시대회 기출 |

2 '사다리 타기 게임'은 세로선을 따라 위에서 아래로 내려가다 가로선을 만나면 가로선을 따라 바로 옆의 세로선으로 이동하여 아래로 내려가는 게임입니다. 다음 그림은 가로선을 아직 그리지 않은 사다리입니다. 과정에 관계없이 결과가 같으면 같다고 할 때, 다음과 같은 사다리에 가로선을 그려 '사다리 타기 게임'을 하면 모두 몇 가지의 다른 결과가 나오는지 구하시오.

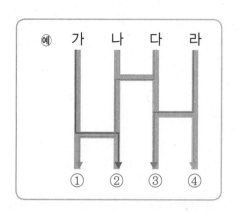

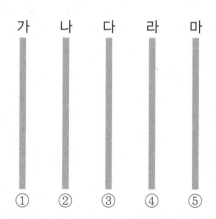

3 원 위에 같은 간격으로 6개의 점이 있습니다. 6개의 점 중에서 3개의 점을 이어서 만들 수 있는 삼각형은 모두 몇 개인지 구하시오.

| 경시대회 기출 |

4 한글은 자음과 모음으로 이루어져 있습니다. |보기|의 자음과 모음을 이용하여 만들 수 있는 글자 중에서 옆으로 뒤집어도 처음과 같은 글자가 되는 것은 모두 몇 개인지 구하시오. (단, 쌍자음은 사용하지 않고, '퓨, 촣'과 같이 평소에 사용하지 않는 글자도 가능합니다.)

┌─────────────────|보기|─────────────────┐

자음: ㄱ ㄴ ㄷ ㄹ ㅁ ㅂ ㅅ ㅇ ㅈ ㅊ ㅋ ㅌ ㅍ ㅎ

모음: ㅏ ㅑ ㅓ ㅕ ㅗ ㅛ ㅜ ㅠ ㅡ ㅣ

└──────────────────────────────────────┘

　　　　　　　　정답과 풀이 110쪽 ▶

13-1. 최선과 최악

1 서랍 안에 회색, 파란색, 흰색, 노란색 4가지 색의 양말이 6짝씩 들어 있습니다. 서랍 안을 보지 않고 양말을 한 짝씩 꺼낼 때, 어떤 경우에도 같은 색 양말 한 켤레가 나오도록 꺼내려면 최소 몇 짝, 최대 몇 짝을 꺼내야 하는지 구하시오.

2 자물쇠 5개와 짝이 되는 열쇠 5개가 있습니다. 어느 열쇠가 어느 자물쇠에 맞는 것인지 모를 때 자물쇠에 맞는 열쇠의 짝을 모두 찾으려면 자물쇠에 열쇠를 적어도 몇 번 꽂아야 하는지 구하시오.

'적어도'가 들어간 문제는 어떻게 풀어야 할까?

상자에 3가지 색의 구슬이 4개씩 있을 때 같은 색 구슬 2개가 나오려면 적어도 몇 개의 구슬을 꺼내야 할까?

가장 운이 좋은 경우	가장 운이 나쁜 경우
2번 만에 같은 색의 구슬 2개를 꺼낼 수 있습니다.	3개까지는 색이 모두 다를 수 있지만 4개부터는 반드시 같은 색의 구슬을 꺼낼 수 있습니다. ➡ 4개

가장 운이 **나쁜** 경우까지 생각해야 합니다.

최상위 사고력

다음을 읽고 물음에 답하시오.

> 상자 안에 모양과 크기가 같은 구슬 18개가 있습니다. 이 구슬 중에는 빨간색 구슬 5개, 노란색 구슬 5개, 파란색 구슬 5개가 있고, 나머지는 흰색 구슬과 검은색 구슬입니다.

(1) 노란색 구슬 2개를 꺼내려면 적어도 몇 개의 구슬을 꺼내야 하는지 구하시오.

(2) 같은 색 구슬 3개를 꺼내려면 적어도 몇 개의 구슬을 꺼내야 하는지 구하시오.

13-2. 생일이 같은 사람

1 어떤 모임에서 생일이 같은 사람이 3명 있으려면 사람은 적어도 몇 명있어야 하는지 구하시오. (단, 1년은 365일입니다.)

2 희재네 마을 주민 수는 400명입니다. 물음에 답하시오.

(1) 희재네 마을에 생일이 같은 달인 사람은 적어도 몇 명인지 구하시오.

(2) 희재네 마을에 올해 생일이 같은 요일인 사람은 적어도 몇 명인지 구하시오.

(3) 희재네 마을에 생일이 같은 사람은 적어도 몇 명인지 구하시오. (단, 1년은 365일입니다.)

비둘기집의 원리란?

(□+1)마리의 비둘기가 □개의 비둘기집에 들어갈 때 적어도 어느 한 집에는 2마리 이상의 비둘기가 들어간다는 원리입니다.

예 비둘기가 4마리, 비둘기집이 3개인 경우

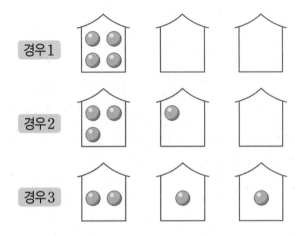

➡ 어떤 경우라도 비둘기가 2마리 이상 들어가는 집이 반드시 있습니다.

최상위 사고력 A

은미네 모둠에서 생일이 같은 달인 학생이 반드시 8명이 있도록 모둠원을 뽑으려고 합니다. 적어도 몇 명의 모둠원을 뽑아야 하는지 구하시오.

최상위 사고력 B

교림이네 초등학교의 학생 수는 500명입니다. 나이가 가장 많은 학생은 2010년에 태어났고, 나이가 가장 적은 학생은 2015년에 태어났습니다. 교림이네 학교에서 같은 해의 같은 달에 태어난 학생은 적어도 몇 명인지 구하시오.

13-3. 비둘기집의 원리 활용

1 학생들이 3장의 숫자 카드를 각각 한 번씩 사용하여 세 자리 수를 1개씩 만들었습니다. 물음에 답하시오.

(1) 20명의 학생이 세 자리 수를 만들었다면 같은 세 자리 수를 만든 학생은 적어도 몇 명인지 구하시오.

(2) 만든 세 자리 수가 같은 학생이 반드시 6명은 있다면, 적어도 몇 명의 학생이 세 자리 수를 만든 것인지 구하시오.

┌─ 비둘기집의 원리를 활용한 문제는 어떻게 풀까? ──────────────

  예 국어, 영어, 수학 중 좋아하는 과목을 한 과목씩 선택할 때 같은 과목을 선택한 학생이 2명은 있다면 학생은 적어도 몇 명입니까?

  비둘기집 ➡ 과목 수(3과목)   비둘기 ➡ 학생 수

  ➡ (학생 수)=(과목 수)+1=3+1=4(명)

└──
                        비둘기집과 비둘기를 정한 후 풉니다.

최상위
사고력
A
20문항인 시험에서 맞히면 5점, 틀리면 0점을 받게 됩니다. 어떤 경우에도 점수가 같은 학생이 2명 있으려면 시험을 본 학생은 적어도 몇 명인지 구하시오.

최상위
사고력
B
다음과 같은 모눈판의 각 칸에 1, 2, 3 중 하나의 수를 임의로 써넣은 후 색칠한 정사각형과 같은 모양으로 4칸을 선택하려고 합니다. 정사각형 안에 있는 수의 합을 구했을 때 합이 같은 것은 적어도 몇 개인지 구하시오.

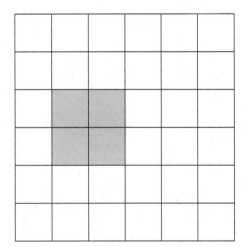

정답과 풀이 114쪽 ▶

1 12개의 점 중에서 몇 개의 점을 선택한 후, 선택한 점 중 3개의 점을 꼭짓점으로 하는 삼각형을 그리려고 합니다. 적어도 몇 개의 점을 선택해야 삼각형 1개를 그릴 수 있는지 구하시오.

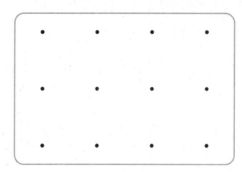

2 ○ 또는 ×로 답을 하는 퀴즈 대회에서 3문제를 풀어 답을 했을 때, 3문제의 답이 똑같은 학생이 있으려면 퀴즈 대회에 참가한 학생은 적어도 몇 명인지 구하시오.

3

문제풀이

진아네 반 학생 46명이 한 표씩 투표하여 회장을 뽑으려고 합니다. 현재까지 3명의 후보 진아, 수현, 명수의 개표 결과는 다음과 같습니다. 진아의 당선이 확정되기 위해서 진아는 적어도 몇 표를 더 얻어야 하는지 구하시오. (단, 기권이나 무효 표는 없습니다.)

회장 선거 개표 결과

후보	진아	수현	명수
득표 수(표)	15	5	10

4

| 경시대회 기출 |

한 변의 길이가 2 cm인 정삼각형이 있습니다. 정삼각형 안에 몇 개의 점을 찍어야 점 사이의 거리가 1 cm보다 짧거나 같은 두 점이 반드시 있는지 구하시오.

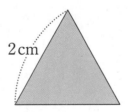

2 cm

14-1. 홀수와 짝수의 계산

1 계산 결과가 홀수인지 짝수인지 구하시오.

(1) $2+4+6+\cdots\cdots+100$

(2) $1+3+5+\cdots\cdots+99$

(3) $1+2+3+\cdots\cdots+99$

(4) $1\times1+2\times2+3\times3+\cdots\cdots+99\times99$

2 다음과 같은 과녁판에 화살을 7번 쏘아 맞혔습니다. 나올 수 없는 점수의 합을 모두 고르시오. (단, 화살이 과녁판을 벗어나거나 점수 사이의 선에 맞은 경우는 없습니다.)

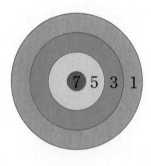

① 9점   ② 14점   ③ 21점   ④ 26점   ⑤ 35점

홀수와 짝수의 덧셈에 관한 성질은?

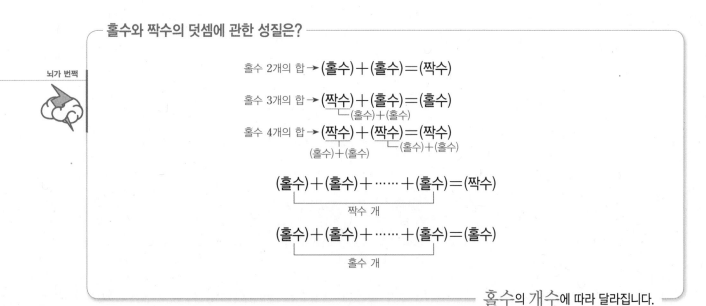

홀수 2개의 합 → (홀수)＋(홀수)＝(짝수)

홀수 3개의 합 → (짝수)＋(홀수)＝(홀수)
　　　　　└(홀수)＋(홀수)

홀수 4개의 합 → (짝수)＋(짝수)＝(짝수)
　　　　　└(홀수)＋(홀수) └(홀수)＋(홀수)

(홀수)＋(홀수)＋ …… ＋(홀수)＝(짝수)
　　　　　　짝수 개

(홀수)＋(홀수)＋ …… ＋(홀수)＝(홀수)
　　　　　　홀수 개

ㄴ 홀수의 개수에 따라 달라집니다.

최상위 사고력

다음과 같은 수의 배열을 보고 물음에 답하시오.

| 1 1 2 3 5 8 13 21 …… |

(1) 100번째 수는 홀수인지 짝수인지 구하시오.

(2) 500번째 수까지 짝수는 모두 몇 개인지 구하시오.

14-2. 패리티의 활용(1)

1 100원짜리 동전 3개가 모두 그림면이 보이는 상태로 놓여 있습니다. 물음에 답하시오.

(1) 아무 동전이나 1개씩 뒤집어서 모두 11번을 뒤집었더니 다음과 같이 되었습니다. 두 번째 동전의 보이는 면은 그림면인지, 숫자면인지 구하시오.

(2) 아무 동전이나 1개씩 뒤집어서 모두 20번을 뒤집었더니 다음과 같이 되었습니다. 나머지 동전 2개는 같은 면인지, 다른 면인지 구하시오.

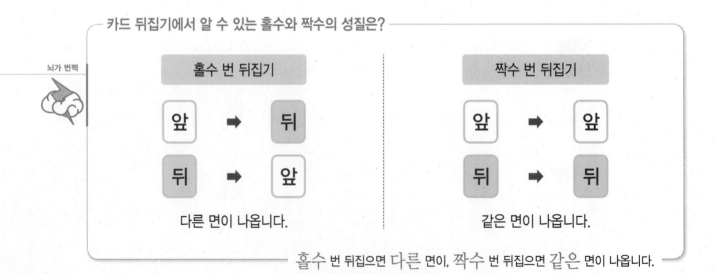

카드 뒤집기에서 알 수 있는 홀수와 짝수의 성질은?

홀수 번 뒤집기	짝수 번 뒤집기
앞 ➡ 뒤	앞 ➡ 앞
뒤 ➡ 앞	뒤 ➡ 뒤
다른 면이 나옵니다.	같은 면이 나옵니다.

홀수 번 뒤집으면 다른 면이, 짝수 번 뒤집으면 같은 면이 나옵니다.

재호네 반 모든 학생들이 악수를 했습니다. 악수를 홀수 번 한 학생은 홀수 명인지, 짝수 명인지 구하시오. (단, 모든 학생들이 서로 빠짐없이 악수를 한 것은 아니며 학생들끼리 악수를 한 횟수가 모두 다를 수도 있습니다.)

3개의 컵이 다음과 같이 아래로 향하게 놓여 있습니다. 한 번에 2개의 컵을 선택하여 동시에 뒤집는 것을 되풀이하면 모든 컵을 모두 위로 향하게 놓을 수 있습니까? 놓을 수 있다면 그 방법을 설명하고, 놓을 수 없다면 그 이유를 설명하시오.

14-3. 패리티의 활용(2)

1 |보기|와 같은 도미노를 여러 번 사용하여 모든 칸을 덮을 수 있는 것을 고르시오.

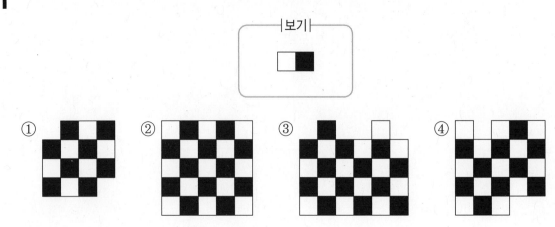

TIP 도미노(domino): 정사각형을 2개 이어붙인 도형

2 학생 9명이 다음과 같은 자리에 앉아 있습니다. 모든 학생들이 앞, 뒤, 오른쪽, 왼쪽 중 어느 쪽으로든 한 칸씩 옮겨 자리를 바꾸려고 합니다. 가능하면 그 방법을 설명하고, 불가능하면 그 이유를 설명하시오.

땀이 뻘뻘

위·아래로 이웃한 사람끼리 자리를 옮길 수 있을까?

① 2가지 색으로 자리 색칠하기

가
나
다
라
마

② 옮길 수 없는 이유 설명하기

가
나
다
라
마

검은색 자리에 있는 사람은 흰색 자리로 흰색 자리에 있는 사람은 검은색 자리로 옮겨야 하는데 검은색 자리보다 흰색 자리가 1자리 부족하므로 검은색 자리에 있는 3사람은 모두 옮길 수 없습니다.

홀수와 짝수의 성질을 이용합니다.

최상위 사고력

진호는 다음과 같이 나누어진 한쪽 벽을 오른쪽과 같은 도미노 모양의 타일 7개로 빈 틈없이 붙여 꾸미려고 합니다. 가능하면 그 방법을 그림을 그려 설명하고, 불가능하면 그 이유를 설명하시오. (단, 창문과 콘센트가 있는 곳에는 타일을 붙일 수 없습니다.)

창문			
		콘센트	

1 연산 기호 ★을 다음과 같이 약속할 때 주어진 식의 값을 구하시오.

> • 가와 나 모두 홀수거나 짝수인 경우 ➡ 가★나＝(가＋나)÷2
> • 가, 나 중 하나는 홀수, 하나는 짝수인 경우 ➡ 가★나＝(가＋나＋1)÷2

(1) 2993★2995★2997★2999★3001

(2) (993★994)★(994★995)★ …… ★(999★1000)

2 시계 수리공이 시계를 수리하고 난 후의 시계 안의 모습입니다. 이 시계는 작동하겠습니까? 그렇지 않다면 그 이유를 설명하시오. (단, 이웃한 시계의 톱니바퀴는 서로 맞물려 반대 방향으로 움직입니다.)

| 경시대회 기출 |

3

(앞면, 뒷면)에 (1, 2), (3, 4), (5, 6), ……, (97, 98), (99, 100)이 쓰여 있는 카드 50장이 있습니다. 이 중에서 카드 5장을 뽑아 펼쳐 놓은 후 보이는 면에 쓰여 있는 5개의 수의 합을 구했더니 390이었습니다. 이 카드들을 다시 뒤집었을 때 보이는 면에 쓰여 있는 5개의 수의 합은 최대 얼마인지 구하시오.

4

1번부터 11번까지의 방이 있습니다. 1번 방에서 출발하여 가로 또는 세로로만 움직여서 모든 방을 한 번씩 지나 2번 방에 도착하려고 합니다. 가능하면 가는 길을 표시하고, 불가능하면 그 이유를 설명하시오.

```
 1   2   3
 4   5   6   7
 8   9  10  11
```

15-1. 간단히 계산하기

1 다음을 계산하시오.

(1) $12+14+16+18+20+22+24+26+28+30$

(2) $17+18+19+24+25+26+32+33+34+40+41+42+52+53+54$

땀이 뻘뻘

2 색칠한 칸의 수의 합을 구하시오.

21	22	23	24	25	26	27	28	29	30
31	32	33	34	35	36	37	38	39	40
41	42	43	44	45	46	47	48	49	50
51	52	53	54	55	56	57	58	59	60
61	62	63	64	65	66	67	68	69	70

$$29+30+31+32+33+34+35$$

방법1 합이 일정한 수끼리 묶기

$$29+30+31+32+33+34+35$$

가운데 수를 □로 놓으면 31은 □−1이고, 33은 □+1입니다.

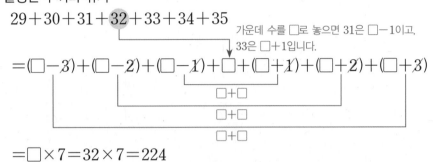

$$=(\square-3)+(\square-2)+(\square-1)+\square+(\square+1)+(\square+2)+(\square+3)$$

$$\square+\square$$
$$\square+\square$$
$$\square+\square$$

$$=\square\times7=32\times7=224$$

방법2 평균 이용하기 → 연속한 수의 개수가 홀수인 경우 평균은 가운데 수

$$29+30+31+32+33+34+35=32\times7=224$$

방법3 연속수의 합의 공식을 이용하기 → (연속수의 합)=((처음 수)+(마지막 수))×(수의 개수)÷2

$$29+30+31+32+33+34+35=(29+35)\times7\div2=224$$

최상위
사고력

수 배열표에서 색칠한 칸의 수들의 평균을 구하시오.

1	14	15	28	29	42	43	56	57	70
2	13	16	27	30	41	44	55	58	69
3	12	17	26	31	40	45	54	59	68
4	11	18	25	32	39	46	53	60	67
5	10	19	24	33	38	47	52	61	66
6	9	20	23	34	37	48	51	62	65
7	8	21	22	35	36	49	50	63	64

15-2. 부분 평균, 전체 평균

1 승민이네 반의 시험 점수별 학생 수를 나타낸 표입니다. 시험 점수의 평균이 16점일 때 20점을 받은 학생은 몇 명인지 구하시오.

시험 점수별 학생 수

점수(점)	10	15	20
학생 수(명)	5	2	

2 10명의 학생들의 몸무게의 평균이 46 kg입니다. 그런데 이 중에서 가, 나, 다 3명의 학생을 제외한 나머지 7명의 학생들의 몸무게의 평균은 45 kg입니다. 가는 몸무게가 50 kg이고, 나는 다보다 5 kg 무겁다고 할 때, 나와 다의 몸무게는 각각 몇 kg인지 차례로 구하시오.

뇌가 번쩍

(평균)과 (자료의 수)가 주어질 때 알 수 있는 것은?

(자료 값의 합)÷(자료의 수)=(평균) ➡ (자료 값의 합)=(평균)×(자료의 수)

㉠ 5일 동안 한 줄넘기 횟수의 평균은 120회입니다. ➡ (5일 동안 한 줄넘기의 횟수)
=5×120=600(회)

㉠ ■개 수의 평균이 ▲입니다. ➡ (■개 수의 합)=▲×■

자료 값의 합을 알 수 있습니다.

최상위 사고력

효주네 가족은 아버지, 어머니, 언니, 효주 4명입니다. 효주네 가족 나이의 평균은 몇 살인지 구하시오.

• 아버지와 어머니 나이의 평균은 43살입니다.
• 어머니, 언니, 효주 나이의 평균은 22살입니다.
• 아버지, 언니, 효주 나이의 평균은 24살입니다.

15-3. 평균의 이동

1 미경이는 지금까지 7번의 수학 시험을 보았고, 7번의 수학 시험 점수의 평균은 80점입니다. 시험을 한 번 더 보아 전체 수학 시험 점수의 평균을 2점 올리려면 다음 번 수학 시험에서 몇 점을 받아야 하는지 구하시오.

2 유진이네 학교의 5학년 학생의 수학 시험 점수의 평균은 남학생이 80점이고, 여학생이 87점입니다. 5학년 전체 학생의 수학 시험 점수의 평균이 84점이고 남학생이 120명일 때, 여학생은 몇 명인지 구하시오.

평균 문제를 그림으로 풀려면?

예 1번부터 10번까지의 문제 중 6번까지의 평균 점수는 3점, 10번까지의 평균 점수는 5점일 때, 7번부터 10번까지의 평균 점수는?

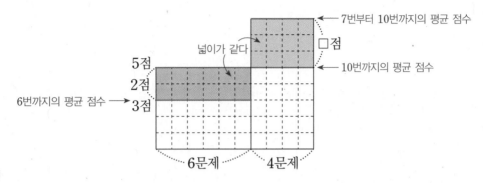

$6 \times 2 = 4 \times \square$, $\square = 3$이므로 7번부터 10번까지의 평균 점수는 8점입니다.

색칠한 부분의 넓이가 같음을 이용합니다.

최상위 사고력

의란이네 학교의 5학년 학생 200명이 수학 시험을 보았습니다. 남학생의 수학 시험 점수의 평균이 여학생보다 5점 높고 전체 수학 시험 점수의 평균보다 2점 높습니다. 의란이네 학교의 남학생은 몇 명인지 구하시오.

최상위 사고력

1 다음 수들의 평균을 구하시오.

> 401, 398, 400, 403, 399, 396, 402, 402, 404, 399

| 경시대회 기출 |

2 도경이가 지난 달까지 본 수학 시험 점수의 평균은 76점입니다. 이번 달에 수학 시험을 한 번 더 봐서 97점을 받아 이번 달까지 본 수학 시험 점수의 평균이 79점이 되었습니다. 도경이는 지난 달까지 수학 시험을 모두 몇 번 보았는지 구하시오.

3 목화는 공을 4번씩 던지는 게임을 하였습니다. 공을 한 번 던질 때마다 받을 수 있는 최고 점수는 100점이고, 이 게임의 최종 점수는 공을 4번 던져 받은 점수의 평균입니다. 목화가 공 던지기 게임을 하여 최종 점수로 86점을 받으려면 4번 중 한 번은 적어도 몇 점 이상을 받아야 하는지 구하시오.

| 경시대회 기출 |

4 은정이네 반 학생은 40명입니다. 이번 달에 시험을 보아 남학생의 시험 점수만 지난 달보다 평균 5점 오르면 반 전체 시험 점수의 평균은 70점이 되고, 여학생의 시험 점수만 지난 달보다 평균 5점 오르면 반 전체 시험 점수의 평균은 69점이 됩니다. 이번 달에 시험을 보아 은정이네 반 전체 학생의 시험 점수가 지난 달보다 평균 5점 오르려면 이번 달 반 전체 학생의 시험 점수의 평균은 몇 점이 되어야 하는지 구하시오.

1 2개의 주사위를 동시에 던졌을 때, 나오는 두 눈의 수의 합으로 가능성이 가장 높은 수를 구하시오.

2 6개의 수 ㉠, ㉡, ㉢, ㉣, ㉤, ㉥의 평균은 25이고, 그중 ㉠을 제외한 나머지 5개의 수의 평균은 23입니다. ㉠에 알맞은 수를 구하시오.

3 10명의 학생이 한 사람도 빠짐없이 서로 한 번씩 악수를 했습니다. 악수를 한 횟수는 모두 몇 번인지 구하시오.

4 ◯ 안에 + 또는 −를 넣어 계산식이 성립하도록 해 보고, 불가능하다면 그 이유를 설명하시오.

$$1 \bigcirc 2 \bigcirc 3 \bigcirc 4 \bigcirc 5 \bigcirc 6 \bigcirc 7 \bigcirc 8 = 9$$

5 지원이네 반 학생 40명이 한 표씩 투표하여 회장을 뽑으려고 합니다. 현재까지 4명의 후보의 개표 결과는 다음과 같습니다. 지원이의 당선이 확정되기 위해서는 지원이는 적어도 몇 표를 더 얻어야 하는지 구하시오. (단, 기권이나 무효 표는 없습니다.)

회장 선거 개표 결과

후보	지원	성일	의진	길호
득표 수(표)	6	9	10	7

6 사탕 10개를 학생 5명에게 나누어 주었습니다. 사탕을 하나도 받지 못한 학생은 없다고 할 때, 같은 개수의 사탕을 받은 학생이 반드시 생기게 됩니다. 그 이유를 설명하시오.

정답과 풀이 128쪽 ▶

최상위
연산은
수학이다

1~6학년(학기용)

단순 계산이 아닌
수학 원리를
알아가는
수학 공부의 첫 걸음,
같아 보이지만
완전히 다른 연산!

초등수학은 디딤돌!

아이의 학습 능력과 학습 목표에 따라
맞춤 선택을 할 수 있도록
다양한 교재를 제공합니다.

문제해결력 강화 문제유형, 응용

개념 다지기 원리, 기본

연산력 강화

최상위 연산

개념＋문제해결력 강화를 동시에

기본+유형, 기본+응용

정답과 풀이

상위권의 기준

최상위
사고력

초등 5B

수학 좀 한다면

디딤돌

I 수

최상위 사고력 **1** **수 배열**
| 10~17쪽

1-1. 규칙에 맞게 수 배열하기

1

1	3	5	4	2
2	1	3	5	4
4	2	1	3	5
5	4	2	1	3
3	5	4	2	1

2

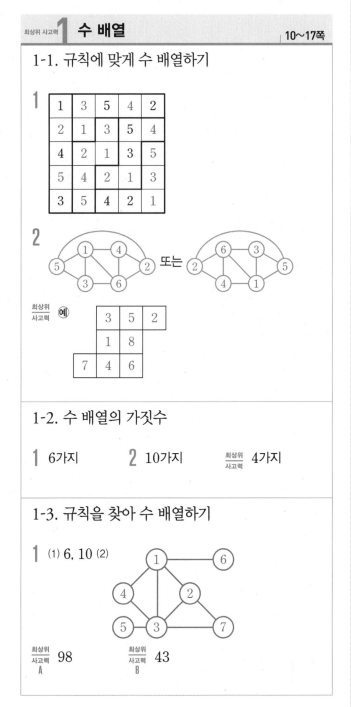

1-2. 수 배열의 가짓수

1 6가지   **2** 10가지   최상위 사고력 4가지

1-3. 규칙을 찾아 수 배열하기

1 (1) 6, 10 (2)

최상위 사고력 A 98   최상위 사고력 B 43

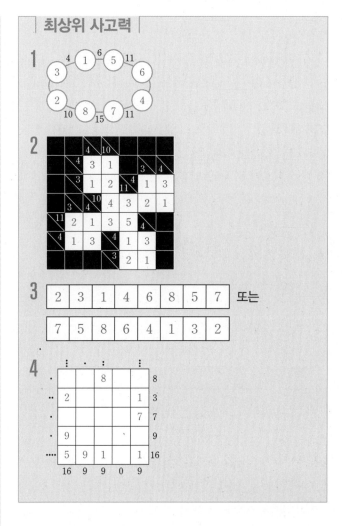

최상위 사고력

3

| 2 | 3 | 1 | 4 | 6 | 8 | 5 | 7 | 또는 |

| 7 | 5 | 8 | 6 | 4 | 1 | 3 | 2 |

4

최상위 사고력 **2** **마방진의 기초**
| 18~25쪽

2-1. 합이 같은 줄을 찾아 문제 해결하기

1 ㉠=8, ㉡=1, ㉢=4, ㉣=9   **2** 6

최상위 사고력 ㉠=1, ㉡=11, ㉢=5, ㉣=8, ㉤=7

2-2. 한 줄의 합을 이용하여 문제 해결하기

1 8

2 예 (1)   (2)

최상위 사고력 예

2-3. 한 줄의 합의 최대·최소

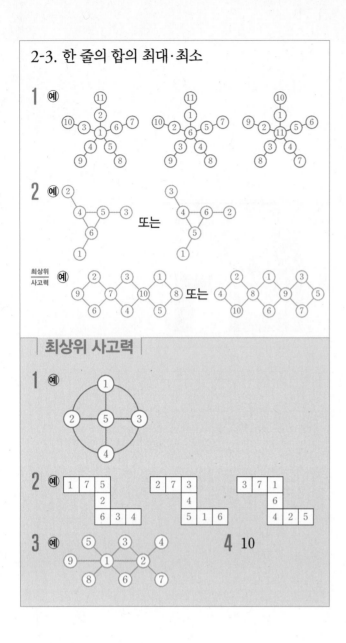

3 여러 가지 마방진

26~33쪽

3-1. 마방진

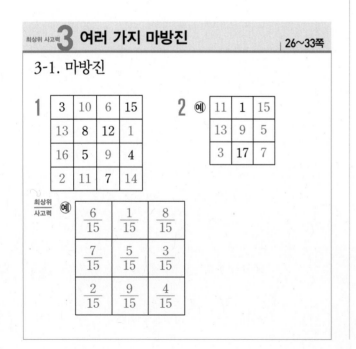

3-2. 수의 쌍을 이용하는 마방진

3-3. 입체 마방진

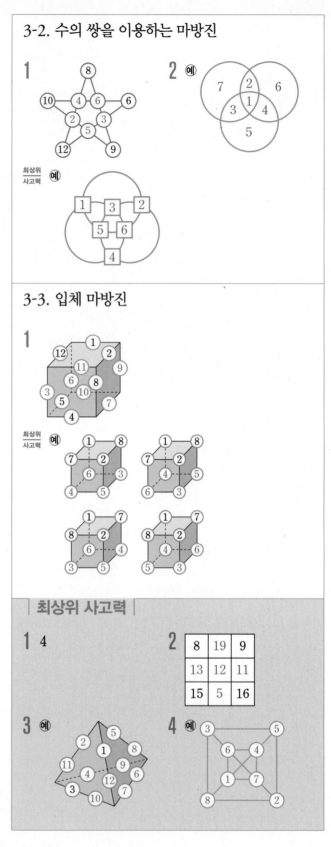

Review Ⅰ 수

34~36쪽

1

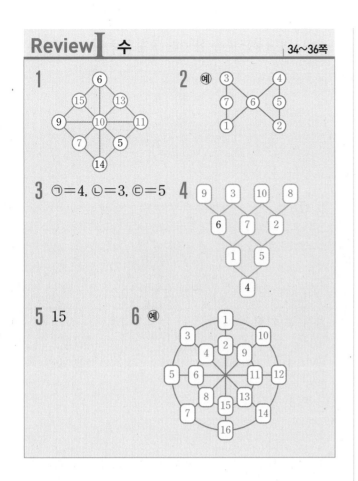

3 ㉠=4, ㉡=3, ㉢=5

5 15

6 예

4-3. 합동인 삼각형의 넓이 이용하기

1 18 cm² **2** 25 cm²

_{최상위} _{사고력} 예

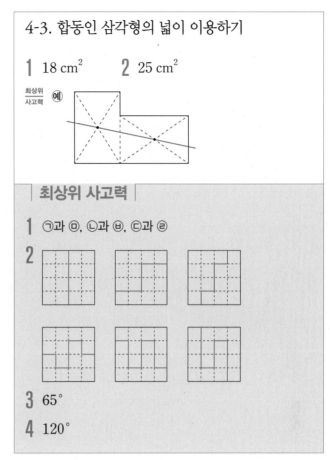

최상위 사고력

1 ㉠과 ㉢, ㉡과 ㉂, ㉢과 ㉣

2

3 65°

4 120°

Ⅱ 도형(1)

_{최상위 사고력} **4** 도형의 합동

38~45쪽

4-1. 합동인 도형으로 나누기

1 (1) 예 (2) (3)

(4) (5) 예 (6)

2 예

_{최상위} _{사고력}

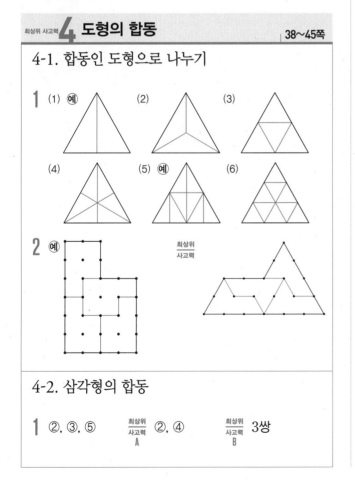

4-2. 삼각형의 합동

1 ②, ③, ⑤   _{최상위} _{사고력} ②, ④   _{최상위} _{사고력} 3쌍
            A   B

_{최상위 사고력} **5** 선대칭도형, 점대칭도형

46~53쪽

5-1. 거울에 비친 도형

1

2 ②, ⑥   _{최상위} _{사고력} (1) **B** (2) **N**

5-2. 180° 돌린 도형

1

2

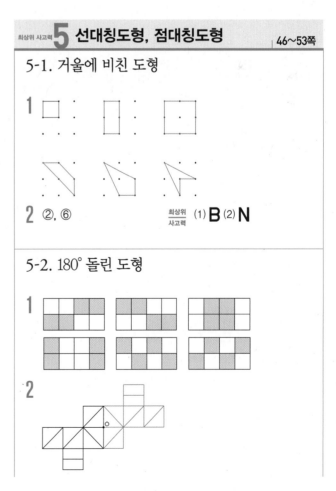

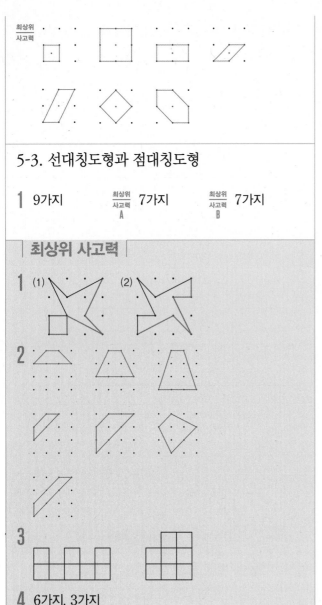

5-3. 선대칭도형과 점대칭도형

1 9가지   ^{최상위 사고력 A} 7가지   ^{최상위 사고력 B} 7가지

최상위 사고력

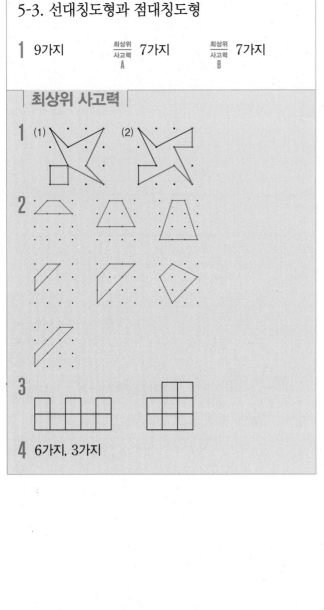

4 6가지, 3가지

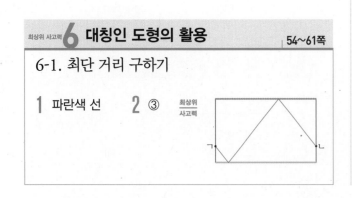

^{최상위 사고력} 6 대칭인 도형의 활용
|54~61쪽|

6-1. 최단 거리 구하기

1 파란색 선   **2** ③   ^{최상위 사고력}

6-2. 점대칭도형을 합동인 도형으로 나누기

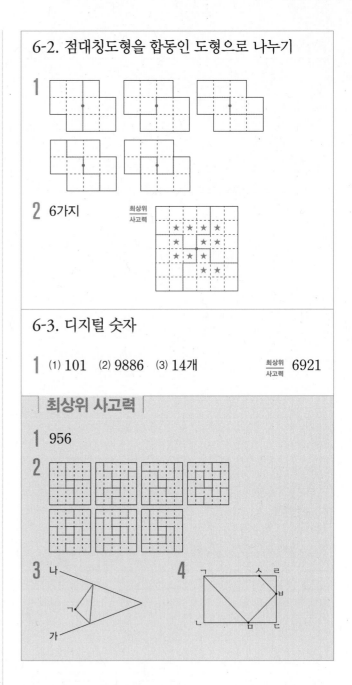

2 6가지

6-3. 디지털 숫자

1 (1) 101   (2) 9886   (3) 14개   ^{최상위 사고력} 6921

최상위 사고력

1 956

2

3

4

Review II 도형
|62~64쪽|

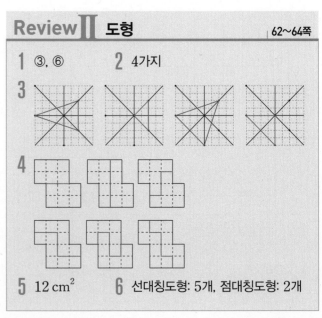

1 ③, ⑥   **2** 4가지

3

4

5 12 cm²   **6** 선대칭도형: 5개, 점대칭도형: 2개

Ⅲ 도형(2)

7-1. 전개도의 가짓수

1 ②, ④, ⑤

2

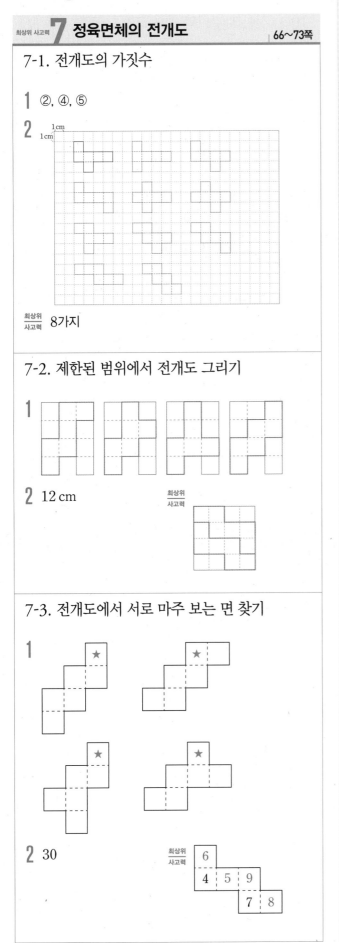

최상위
사고력 8가지

7-2. 제한된 범위에서 전개도 그리기

1

2 12 cm

최상위
사고력

7-3. 전개도에서 서로 마주 보는 면 찾기

1

2 30

최상위
사고력

6		
4	5	9
	7	8

1

2 6가지

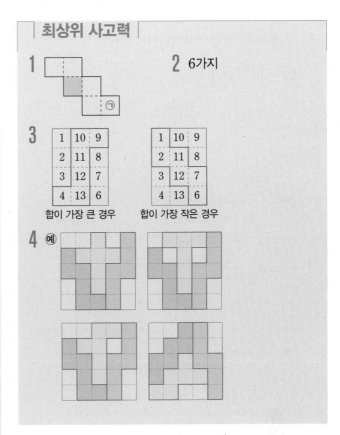

3

1	10	9
2	11	8
3	12	7
4	13	6

1	10	9
2	11	8
3	12	7
4	13	6

합이 가장 큰 경우   합이 가장 작은 경우

4 예

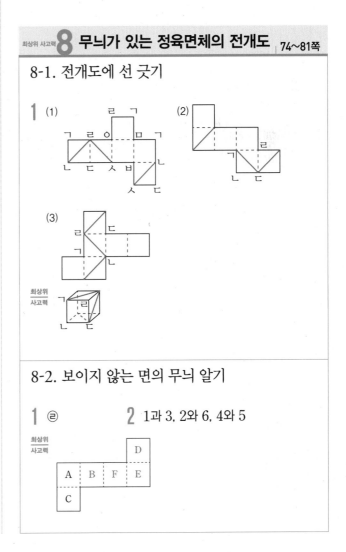

8-1. 전개도에 선 긋기

1 (1)   (2)

(3)

최상위
사고력

8-2. 보이지 않는 면의 무늬 알기

1 ㉣   **2** 1과 3, 2와 6, 4와 5

최상위
사고력

				D
A	B	F	E	
C				

8-3. 전개도의 면 이동하기

1 다

2

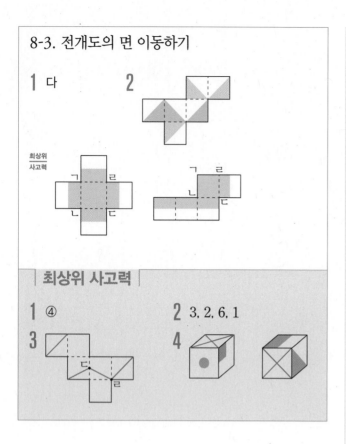

1 ④

2 3, 2, 6, 1

3

4

| 82~89쪽

9-1. 주사위 완성하기

1 4, 2   **2** 3   최상위 사고력 **6**

9-2. 주사위 눈의 수의 합의 최대·최소

1 25   **2** (1) 72 (2) 76   최상위 사고력 **71**

9-3. 주사위의 이동

1 (1) 6, 1 (2) 3, 4 (3) 5, 5 (4) 4, 4   최상위 사고력 **1**

1 40   **2** 12+14×■

3 5   **4** ⑤, ⑨, ⑬

| 90~97쪽

10-1. 선분의 길이와 각의 크기

1 (1) 45° (2) 90° (3) 60°

2 8개   최상위 사고력 **24개**

10-2. 정육면체의 단면

1 예

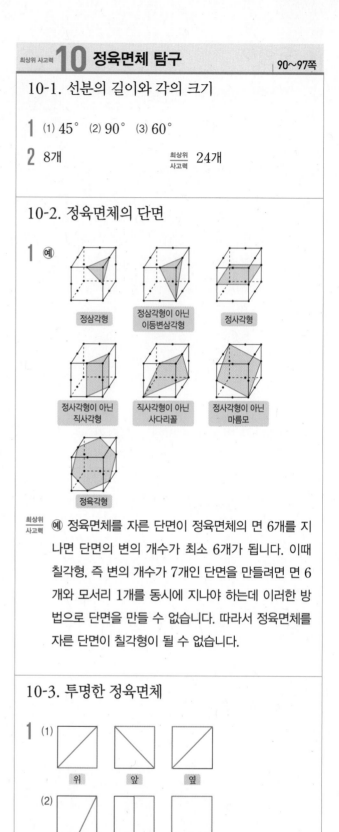

정삼각형 | 정삼각형이 아닌 이등변삼각형 | 정사각형

정사각형이 아닌 직사각형 | 직사각형이 아닌 사다리꼴 | 정사각형이 아닌 마름모

정육각형

최상위 사고력 **예** 정육면체를 자른 단면이 정육면체의 면 6개를 지나면 단면의 변의 개수가 최소 6개가 됩니다. 이때 칠각형, 즉 변의 개수가 7개인 단면을 만들려면 면 6개와 모서리 1개를 동시에 지나야 하는데 이러한 방법으로 단면을 만들 수 없습니다. 따라서 정육면체를 자른 단면이 칠각형이 될 수 없습니다.

10-3. 투명한 정육면체

1 (1)

위   앞   옆

(2)

위   앞   옆

2 (1)

위   앞   옆

(2)

위   앞   옆

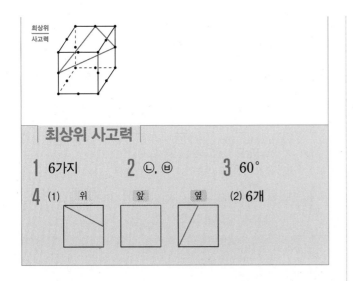

1 6가지 2 ㉣, ㉧ 3 60°

4 (1) 위 앞 옆 (2) 6개

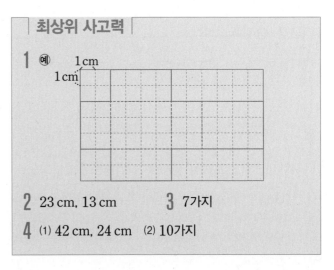

1 예 1 cm
   1 cm

2 23 cm, 13 cm 3 7가지

4 (1) 42 cm, 24 cm (2) 10가지

Review III 도형(2) 106~108쪽

1 4가지

2 (1) 예 (2) 예

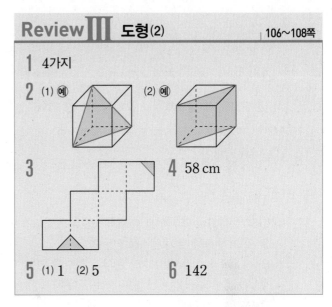

3 4 58 cm

5 (1) 1 (2) 5 6 142

최상위 사고력 11 직육면체 98~105쪽

11-1. 직육면체 만들기

1 (1) (2)

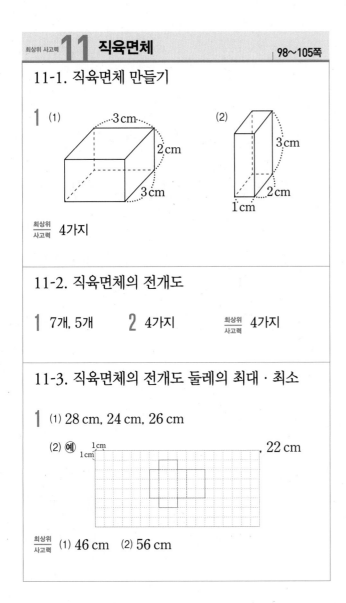

3 cm
2 cm
3 cm

3 cm
2 cm
1 cm

최상위 사고력 4가지

11-2. 직육면체의 전개도

1 7개, 5개 2 4가지 최상위 사고력 4가지

11-3. 직육면체의 전개도 둘레의 최대·최소

1 (1) 28 cm, 24 cm, 26 cm

(2) 예 1 cm
       1 cm   22 cm

최상위 사고력 (1) 46 cm (2) 56 cm

IV 확률과 통계

최상위 사고력 12 경우의 수 110~117쪽

12-1. 합의 법칙과 곱의 법칙

1 (1) 7가지 (2) 12 2 32가지

최상위 사고력 (1) 12 (2) 15

12-2. 순열과 조합

1 (1) ①

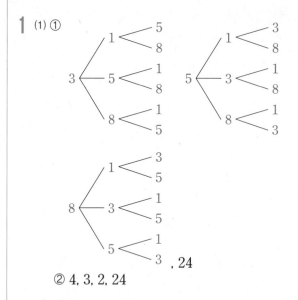

, 24

② 4, 3, 2, 24

(2) 4가지

^{최상위
사고력} A (1) 120가지 (2) 24가지   ^{최상위
사고력} B (1) 12 (2) 6

12-3. 공정한 게임

1 (1) ③ (2) ②   **2** 가

^{최상위
사고력} (1) 진우, **이유** 예 주사위를 던져서 나오는 모든 경우 36가지 중 진우가 점수를 얻는 경우는 $6+10+8=24$(번)이고, 현서가 점수를 얻는 경우는 $6+4+2=12$(번)이므로 진우에게 더 유리한 게임입니다.

(2) 예 ② 던져서 나온 주사위 눈의 차가 1, 2이면 진우가 1점을 얻습니다.

③ 던져서 나온 주사위 눈의 차가 0, 3, 4, 5이면 현서가 1점을 얻습니다.

최상위 사고력

1 다른 색 구슬인 경우   **2** 120가지

3 20개   **4** 360개

13 비둘기집의 원리
| 118~125쪽

13-1. 최선과 최악

1 최소 2짝, 최대 5짝   **2** 10번

^{최상위
사고력} (1) 15개 (2) 10개

13-2. 생일이 같은 사람

1 731명   **2** (1) 34명 (2) 58명 (3) 2명

^{최상위
사고력} A 85명   ^{최상위
사고력} B 7명

13-3. 비둘기집의 원리 활용

1 (1) 4명 (2) 31명   ^{최상위
사고력} A 22명   ^{최상위
사고력} B 3개

최상위 사고력

1 5개   **2** 9명

3 6표   **4** 5개

14 패리티
| 126~133쪽

14-1. 홀수와 짝수의 계산

1 (1) 짝수 (2) 짝수 (3) 짝수 (4) 짝수

2 ②, ④   ^{최상위
사고력} (1) 홀수 (2) 166개

14-2. 패리티의 활용(1)

1 (1) 숫자면 (2) 다른 면   ^{최상위
사고력} A 짝수 명

^{최상위
사고력} B 놓을 수 없습니다. 예 아래로 향한 컵이 3개(홀수)이므로 2개(짝수)의 컵을 뒤집으면 아래로 향한 컵은 1개 또는 3개가 됩니다. 이는 홀수에 짝수를 더하거나 빼어도 항상 홀수가 되는 성질 때문입니다. 따라서 3개의 컵을 모두 위로 향하게 놓을 수 없습니다.

14-3. 패리티의 활용(2)

1 ③

2 불가능합니다. 예 오른쪽과 같이 색칠했을 때 검은색 자리와 흰색 자리의 개수가 다르므로 불가능합니다.

^{최상위
사고력} 불가능합니다. 예 오른쪽과 같이 색칠했을 때 검은색 칸과 흰색 칸의 개수가 다르므로 불가능합니다.

최상위 사고력

1 (1) 3000 (2) 1000

2 작동하지 않습니다. ⑩ 맞물려 있는 톱니바퀴가 돌아가려면 톱니바퀴가 짝수 개이어야 하는데 홀수 개이므로 시계가 작동하지 않습니다.

3 393

4 불가능합니다. ⑩ 오른쪽과 같이 색칠했을 때 검은색 방과 흰색 방의 수가 다르므로 불가능합니다.

최상위 사고력 **15** 평균 | 134~141쪽

15-1. 간단히 계산하기

1 (1) 210 (2) 510   **2** 1150

최상위 사고력 35.5(또는 $35\frac{1}{2}$)

15-2. 부분 평균, 전체 평균

1 8명   **2** 나: 50 kg, 다: 45 kg   최상위 사고력 28살

15-3. 평균의 이동

1 96점   **2** 160명   최상위 사고력 120명

최상위 사고력

1 400.4(또는 $400\frac{2}{5}$)   **2** 6번

3 44점   **3** 72점

Review **IV** 확률과 통계 | 142~144쪽

1 7   **2** 35   **3** 45번

4 불가능합니다. ⑩ 계산 결과는 항상 짝수가 되므로 홀수인 9는 계산 결과가 될 수 없습니다.

5 7표

---

6 ⑩ 같은 개수의 사탕을 받은 두 학생이 없다면, 모든 학생들이 서로 다른 개수의 사탕을 받은 것입니다. 5명이 서로 다른 개수의 사탕을 받으려면 사탕은 최소 $1+2+3+4+5=15$(개)가 필요한데 사탕은 10개뿐이므로 같은 수의 사탕을 받은 학생이 반드시 생기게 됩니다.

최상위 사고력 Final 평가

1회 | 1~4쪽

01 4짝   **02** 6

03 19   **04** ⑤

05 승우, ⑩ 주사위 눈의 곱이 홀수인 경우는 9가지, 짝수인 경우는 27가지 이므로 승우에게 더 유리한 게임입니다.

06 4   **07** ⑩

08 3가지   **09** 6개

10 4가지

2회 | 5~8쪽

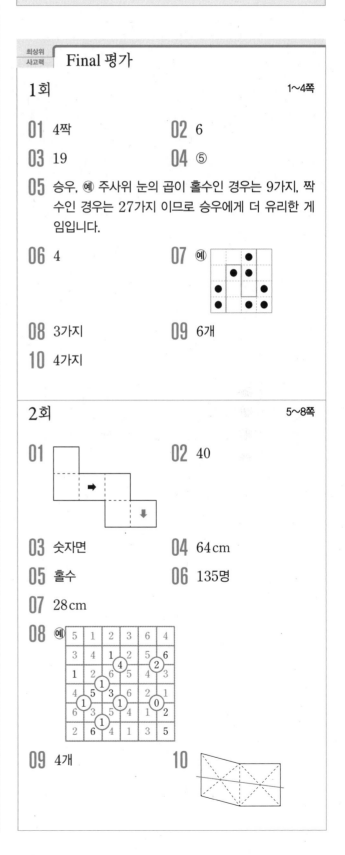

01

02 40

03 숫자면   **04** 64 cm

05 홀수   **06** 135명

07 28 cm

08 ⑩

09 4개   **10**

I 수

이 단원에서는 가로, 세로, 대각선의 합이 일정한 정사각형 모양의 퍼즐인 마방진에 대해 학습합니다.

1 수 배열에서는 마방진을 본격적으로 학습하기 전에 마방진을 해결하는 데 기본적으로 필요한 규칙에 맞게 수를 배열하는 방법에 대해 알아보고 규칙을 찾아 수를 배열해 봅니다.

2 마방진의 기초에서는 한 줄의 합이 같도록 수를 배치하는 연습을 하고 합을 가장 작거나 크게 만드는 방법을 알아봅니다. 합이 같게 배치하는 등의 마방진의 기초 원리를 경험합니다.

3 마방진에서는 가로, 세로 3칸인 마방진을 푸는 핵심 원리를 학습하고, 별진, 입체 마방진과 같은 복잡한 마방진으로 응용·확장합니다.

이와 같은 수 퍼즐은 수·연산 감각뿐만 아니라 문제 해결의 시작점과 핵심을 찾는 능력, 가정과 추론을 할 수 있는 능력 등 종합적인 문제 해결 능력을 필요로 합니다. 마방진은 유형도 다양하고 문제 해결 방법이 특별히 정해져 있지 않은 것도 많으므로 열린 생각으로 끈기 있게 문제를 해결하는 시도를 계속한다면 어려운 문제도 해결할 수 있는 실력을 얻게 될 것입니다.

최상위 사고력 1 수 배열

1-1. 규칙에 맞게 수 배열하기   10~11쪽

1

1	3	5	4	2
2	1	3	5	4
4	2	1	3	5
5	4	2	1	3
3	5	4	2	1

최상위 사고력 **예**

3	5	2
	1	8
7	4	6

2

저자 톡! 이 단원에서는 한 줄에 같은 수가 한 번씩 있거나 연속하는 수가 이웃하지 않아야 하는 등의 규칙에 따라 주어진 수를 알맞게 배열하는 수 배열 퍼즐에 대해 학습합니다. 어떤 부분부터 수를 써넣어야 시행착오를 줄일 수 있는지 생각하여 논리적이고 효율적인 방법으로 퍼즐을 풀도록 합니다.

1 ㉠의 가로줄과 세로줄에 쓰인 수를 보면
㉠에는 1, 2, 5와 5, 3, 2를 쓸 수 없으므로
㉠=4
따라서 ㉡=3, ㉢=1, ㉣=1

1	㉡3	5	㉠4	2
	㉣1		5	
4			3	
			㉢1	
3			4	2

해결 전략
가로줄과 세로줄에 같은 수가 나오지 않도록, 또 굵은 선으로 둘러싸인 곳에 같은 수가 나오지 않도록 풀어봅니다.

ⓤ의 가로줄과 세로줄에 쓰인 수를 보면
ⓤ에는 3, 4, 2와 3, 1을 쓸 수 없으므로
ⓤ=5, ⓗ=1

1	ⓛ3	5	㉠4	2
	㉣1		5	
4			3	
			㉢1	
3	ⓤ5	4	2	ⓗ1

ⓢ의 가로줄과 세로줄에 쓰인 수를 보면
ⓢ에는 4, 3과 3, 1, 5를 쓸 수 없으므로
ⓢ=2, ⓞ=4

1	ⓛ3	5	㉠4	2
	㉣1		5	
4	ⓢ2		3	
	ⓞ4		㉢1	
3	ⓤ5	4	2	ⓗ1

ⓩ의 가로줄과 세로줄에 쓰인 수를 보면
ⓩ에는 1, 5와 1, 4, 3을 쓸 수 없으므로
ⓩ=2, ⓒ=5
㉿의 가로줄과 세로줄에 쓰인 수를 보면
㉿에는 2, 1, 5와 5, 4를 쓸 수 없으므로
㉿=3, ㉤=4

따라서 같은 방법으로 나머지 빈칸을 채우면
오른쪽과 같습니다.

1	ⓛ3	5	㉠4	2
ⓩ2	㉣1	㉿3	5	㉤4
4	ⓢ2	1	3	5
ⓒ5	ⓞ4	2	㉢1	3
3	ⓤ5	4	2	ⓗ1

보충 개념
㉿이 있는 굵은 선으로 둘러싸인 다섯 칸에 쓰인 수를 보면 빈칸에 알맞은 수는 1입니다.

보충 개념
위 퍼즐은 스도쿠(sudoku)라는 퍼즐을 변형한 퍼즐입니다. 스도쿠는 18세기 스위스의 수학자 오일러의 '라틴 사각형'에서 유래되었는데 규칙이 간단하고 누구나 쉽게 도전할 수 있어 전세계적으로 인기 있는 퍼즐 게임입니다.
스도쿠는 '수들이 겹치지 않게 한 번씩만 나와야 한다.'는 규칙을 이용하여 푸는 수 퍼즐입니다. 기본적인 스도쿠는 가로, 세로 9칸인 정사각형 모양으로, 전체가 81칸으로 구성되어 있고 가로, 세로 3칸인 작은 정사각형 9개로 나누어져 있습니다. 이외에도 가로, 세로 5칸인 스도쿠 등 크기와 모양을 바꾸어 또 다른 형태의 변형된 스도쿠 퍼즐을 만들 수 있습니다.

2 ① 선이 가장 많이 연결된 ㉠과 ⓛ에는 연속하는
수가 가장 적은 1과 6 중 하나를 넣어야
하므로 ㉠=1, ⓛ=6 또는 ㉠=6, ⓛ=1
입니다.

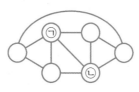

해결 전략
연결된 선이 가장 많은 ㉠, ⓛ에 알맞은 수부터 구합니다.

② 나머지 수 2, 3, 4, 5를 연속하는 수끼리
선으로 연결되지 않도록 ○ 안에 알맞게 써넣습니다.

• ㉠=1, ⓛ=6일 때

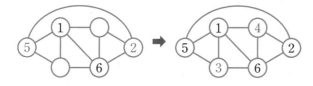

보충 개념
1부터 6까지의 수에서 1과 연속하는 수는 2, 6과 연속하는 수는 5뿐이므로 2를 1과 선으로 연결되지 않은 곳에, 5를 6과 선으로 연결되지 않은 곳에 씁니다.

• ㉠=6, ㉡=1일 때

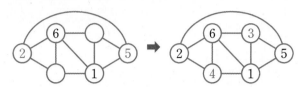

^{최상위}
사고력 ① ㉠과 ㉡은 각각 이웃하는 사각형이 6개씩입니다.

1부터 8까지의 수 중에 연속하지 않는 수가

6개인 수는 1과 8뿐이므로

㉠=1, ㉡=8 또는 ㉠=8, ㉡=1입니다.

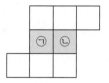

② 1과 연속하는 수 2와 8과 연속하는 수 7을 각각 1, 8과 이웃하지 않
은 사각형에 써넣습니다.

③ 나머지 수를 연속하는 수끼리 이웃하지 않도록 알맞게 써넣습니다.

이외에도 여러 가지 답이 있습니다.

해결 전략

8개의 사각형 중에서 이웃하는 부분이 6개
로 가장 많은 ㉠과 ㉡에 알맞은 수부터 구합
니다.

보충 개념

색칠한 칸에 3, 4, 5, 6을 연속하는 수끼리
이웃하지 않도록 수를 써넣는 방법은 여러
가지가 있습니다.

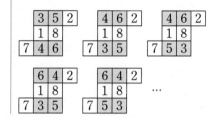

1-2. 수 배열의 가짓수

12~13쪽

1 6가지	2 10가지	^{최상위} 사고력 4가지

저자 톡! 앞에서 수 배열 퍼즐을 풀 때 먼저 알 수 있는 자리의 수부터 찾아 풀었습니다. 이 단원에서는 이 전략을 기초로 하여 답이 여러 가
지인 퍼즐을 풀게 됩니다. 이때 퍼즐을 푸는 것도 중요하지만 답을 빠짐없이 모두 찾기 위해서는 어떤 방법을 사용해야 하는지에 중점을 두어
학습하도록 합니다.

1 2, 2를 넣을 수 있는 경우를 모두 구해 보면 다음과 같이 모두 4가지입니다.

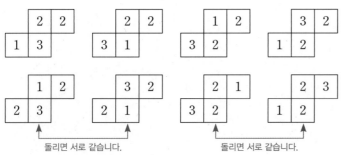

각 경우마다 1과 3을 배열하는 방법이 각각 2가지씩 있으므로 수를 배열하는 방법은 다음과 같이 모두 $4 \times 2 = 8$(가지)입니다.

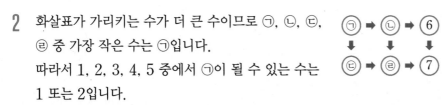

돌리면 서로 같습니다.　　　돌리면 서로 같습니다.

따라서 돌렸을 때 같아지는 것을 제외하면 수를 서로 다르게 배열하는 방법은 모두 6가지입니다.

주의

돌려서 같은 것은 한 가지로 생각하므로

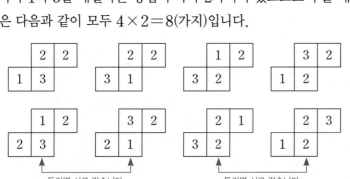

입니다.

2 화살표가 가리키는 수가 더 큰 수이므로 ㉠, ㉡, ㉢, ㉣ 중 가장 작은 수는 ㉠입니다.
따라서 1, 2, 3, 4, 5 중에서 ㉠이 될 수 있는 수는 1 또는 2입니다.

㉠ → ㉡ → 6
↓　　↓　　↓
㉢ → ㉣ → 7

해결 전략

㉠에 들어갈 수 있는 수는 1 또는 2이고,
㉣에 들어갈 수 있는 수는 4 또는 5입니다.

① ㉠=1인 경우

• 4개의 수가 (1, 2, 3, 4)인 경우: 2가지　　• 4개의 수가 (1, 2, 3, 5)인 경우: 2가지

• 4개의 수가 (1, 2, 4, 5)인 경우: 2가지　　• 4개의 수가 (1, 3, 4, 5)인 경우: 2가지

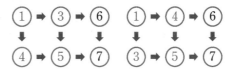

➡ 8가지

② ㉠=2인 경우

• 4개의 수가 (2, 3, 4, 5)인 경우: 2가지

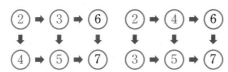

따라서 수를 서로 다르게 배열하는 방법은 모두 $8 + 2 = 10$(가지)입니다.

^{최상위} 사고력 6은 두 수의 차가 될 수 없으므로 가장 윗줄에 넣어야 합니다. 이때 옆으로 뒤집어서 같아지는 것은 1가지로 생각하므로 6을 넣어야 할 자리는 다음과 같이 2가지입니다.

해결 전략
먼저 6을 넣어야 할 자리부터 찾아 기준을 정합니다.

① 6이 가장 왼쪽에 놓이는 경우: 2가지

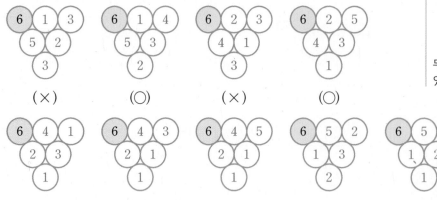

(×)   (○)   (×)   (○)

(×)   (×)   (×)   (×)   (×)

보충 개념

두 번째 줄부터 중복된 수가 나오는 경우도 있습니다.

② 6이 가운데에 놓이는 경우: 2가지

①과 같은 방법으로 1부터 차례로 수를 넣어 조건에 만족하는 배열을 찾습니다.

옆으로 뒤집으면 같습니다.

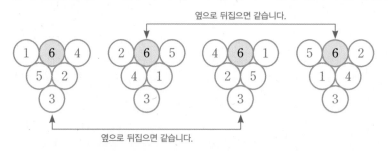

옆으로 뒤집으면 같습니다.

따라서 수를 서로 다르게 배열하는 방법은 모두 2+2＝4(가지)입니다.

1-3. 규칙을 찾아 수 배열하기   14~15쪽

1 (1) 6, 10 (2)

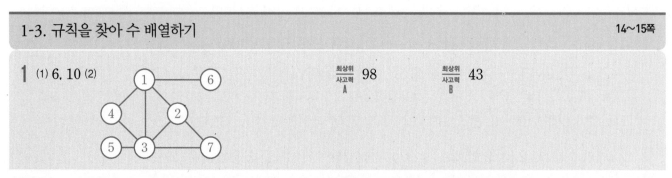

^{최상위} 사고력 A **98**   ^{최상위} 사고력 B **43**

저자 톡! 이 단원에서는 수 배열 퍼즐의 마지막 과정으로 스스로 규칙을 찾아 수를 배열하는 방법을 학습합니다. 수가 배열된 규칙이 처음부터 주어지지 않은 문제이므로 수 사이의 규칙을 찾아 수를 배열하거나, 특정한 조건에 맞게 수를 배열하기 위해 규칙을 찾는 내용입니다. 열린 사고를 가지고 다양한 시도를 해 보고, 새로운 규칙을 찾아 나만의 수 배열 퍼즐을 만들어 보도록 합니다.

---

1 (1) 규칙에서 화살표가 가리키는 수는 그림에서 선으로 연결된 수의 합을 나타내는 규칙입니다.

$1 \to 12(=3+5+4)$, $2 \to 4$,

$4 \to 9(=1+2+6)$, $6 \to 9(=4+5)$

3과 연결된 수는 1과 5이므로 $3 \to \boxed{6}\ (=1+5)$

5와 연결된 수는 3, 1, 6이므로 $5 \to \boxed{10}\ (=3+1+6)$

해결 전략
선으로 연결된 수들과 화살표가 가리키는 수들은 어떤 관계가 있는지 알아봅니다.

⑵ ① 6 → 1에서 6과 연결된 수의 합이 1이므로 6과 연결된 수는 1 하나뿐입니다. 따라서 6을 넣을 수 있는 자리는 다음과 같이 2가지입니다.

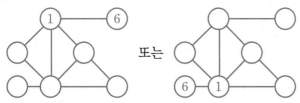

또는

해결 전략
규칙에서 '6 → 1'을 이용하여 6과 1을 넣어야 할 자리부터 정합니다.

② 3 → 19로 3과 연결된 수의 합이 가장 크므로 3을 넣을 수 있는 자리는 연결된 선이 가장 많은 곳입니다.

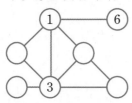

보충 개념
19(=7+5+4+2+1)이므로 3을 넣을 수 있는 자리는 연결된 선의 수가 5개인 한 곳 뿐입니다.

③ 5 → 3에서 5와 연결된 수의 합이 3이므로 5와 연결된 수는 1, 2(1+2=3)입니다. 따라서 5를 넣을 수 있는 자리는 다음과 같이 한 곳뿐입니다.

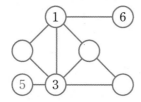

보충 개념
5와 연결된 수가 1과 2로 2개인 경우 1과 연결된 자리 중 연결된 선의 수가 2개인 곳은 ● 밖에 없으므로 불가능합니다.

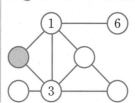

④ 4 → 4에서 4와 연결된 수의 합이 4이므로 4와 연결된 수는 1, 3(1+3=4)입니다. 따라서 4를 넣을 수 있는 자리는 다음과 같이 한 곳뿐입니다.

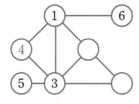

⑤ 1 → 15에서 1과 연결된 수의 합이 15이므로 1과 연결된 수는 6, 4, 3, 2(6+4+3+2=15)입니다. 따라서 2를 넣을 수 있는 자리는 한 곳뿐입니다.

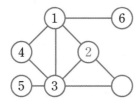

⑥ 7 → 5에서 7과 연결된 수의 합이 5이므로 7과 연결된 수는 3, 2(3+2=5)이므로 나머지 ○ 안에 7을 써넣습니다.

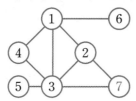

최상위 사고력 A

한가운데에 있는 ㉠이 가장 큰 수일 때 ◯ 안의 네 수의 합이 가장 큽니다.

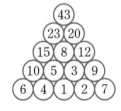

해결 전략

◯ 안의 네 수의 합을 구할 때 가장 여러 번 더해지는 수를 알아봅니다.

① ◯ 안의 네 수의 합을 구할 때 ㉠은 4번 더해지므로 ◯ 안의 네 수의 합이 가장 크려면 ㉠에 알맞은 수는 1부터 9까지의 수 중에서 가장 큰 수인 9입니다.

② 또 ◯ 안의 네 수의 합을 구할 때 ㉡과 ㉣, ㉢과 ㉤은 모두 2번씩 더해지므로 ㉡, ㉢, ㉣, ㉤에 알맞은 수는 5, 6, 7, 8입니다.

③ 남은 4칸에 알맞은 수는 나머지 수 1, 2, 3, 4입니다.

④ 따라서 ◯ 안의 네 수의 합이 가장 클 때의 합은
$9 \times 4 + (5+6+7+8) \times 2 + 1+2+3+4 = 98$입니다.

다른 풀이

①에서 ④의 순서로 ☐, ◯ 안에 알맞게 수를 넣으면 다음과 같습니다.

① 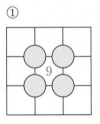 ② 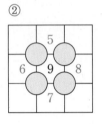 ③ 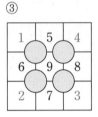 ④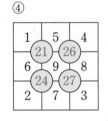

➡ $21 + 24 + 26 + 27 = 98$

보충 개념

㉡, ㉢, ㉣, ㉤은 모두 2번씩 더해지므로 ㉡, ㉢, ㉣, ㉤에 5, 6, 7, 8 중 어떤 수가 들어가도 ◯ 안의 네 수의 합은 같습니다. 또 남는 4칸에도 1, 2, 3, 4 중 어떤 수가 들어가도 ◯ 안의 네 수의 합은 같습니다.

최상위 사고력 B

가장 아래에 있는 수 중에 한가운데 있는 수가 작아야 위의 수도 작아집니다. 따라서 가장 작은 수인 1을 맨 아랫줄의 한가운데 넣고 1 다음으로 작은 수인 2부터 차례로 1의 왼쪽 또는 오른쪽에 넣으며 아래 두 수의 합이 위의 수가 되도록 만듭니다. 이때 수가 중복되지 않도록 주의합니다.

보충 개념

2와 4의 위치가 바뀌어도 ㉠에 알맞은 수는 같습니다.

(예)

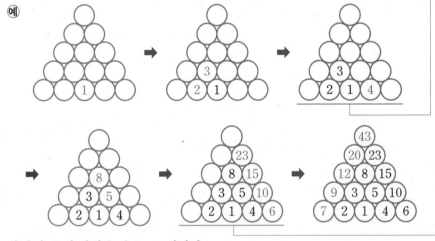

따라서 ㉠에 알맞은 수는 43입니다.

보충 개념

1, 2, 3을 가장 아래에 넣을 경우에 가장 작은 수인 1을 한가운데에 넣으면 가장 위의 수가 가장 작아지고, 가장 큰 수인 3을 한가운데에 넣으면 가장 위의 수는 가장 커집니다.

주의

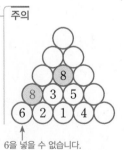

6을 넣을 수 없습니다.
(6을 넣으면 8이 중복됩니다.)

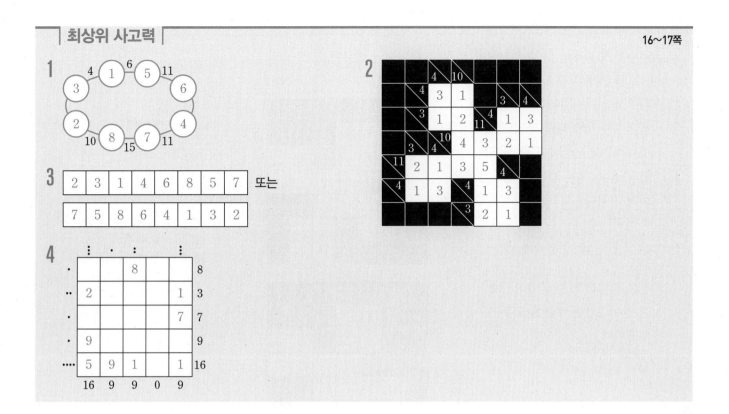

3

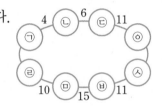

또는

4

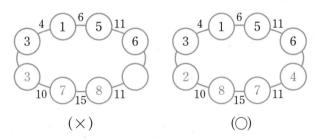

---

1 ① 합이 4인 서로 다른 두 수는 1과 3뿐입니다.
(㉠, ㉡)=(1, 3)이면 ㉢=3이 되므로
조건에 맞지 않습니다.
따라서 (㉠, ㉡)=(3, 1)입니다.

해결 전략
주어진 합이 되는 서로 다른 두 수를 먼저
생각한 다음 중복되지 않도록 수의 위치를
정합니다.

② 합이 15인 서로 다른 두 수는 7과 8뿐입니다.
(㉤, ㉥)=(7, 8)이면 ㉣=3, ㉦=3이 되므로 조건에 맞지 않습니다.
따라서 (㉤, ㉥)=(8, 7)입니다.

(×) (○)

2 합이 4인 서로 다른 두 수는 1과 3뿐입니다. 한 줄을 이루는 흰 칸에는 같은 수를 중복해서 쓸 수 없으므로 두 수의 합이 4인 줄부터 흰 칸에 알맞은 수를 써넣은 후 나머지 칸에도 수를 써넣습니다.

① 합이 4인 서로 다른 두 수는 1과 3, 합이 3인 서로 다른 두 수는 1과 2뿐입니다. ⓒ=2이면 ⊙=2가 되어 한 줄을 이루는 흰 칸에 2가 2번 쓰이게 됩니다.

따라서

⊙=3, ⓛ=1, ⓒ=1, ⓔ=2

보충 개념

다음과 같은 수의 조합을 이용하면 가쿠로 퍼즐을 보다 간단히 풀 수 있습니다.

합: 3, 칸 수: 2 ➡ (1, 2)
합: 4, 칸 수: 2 ➡ (1, 3)
합: 6, 칸 수: 3 ➡ (1, 2, 3)
합: 7, 칸 수: 3 ➡ (1, 2, 4)
합: 10, 칸 수: 4 ➡ (1, 2, 3, 4)
합: 11, 칸 수: 4 ➡ (1, 2, 3, 5)
합: 15, 칸 수: 5 ➡ (1, 2, 3, 4, 5)

② 같은 방법으로 한 줄을 이루는 흰 칸이 2칸인 부분을 모두 채웁니다.

③ 1+2+⑩+⊗=10이므로
⑩+⊗=7
⑩, ⊗은 1, 2가 될 수 없으므로 3 또는 4입니다.
⑩=3이면 ⊗과 ⊙이 4로 중복되므로
⑩=4, ⑭=3, ⊗=3, ⊙=5

보충 개념

위 퍼즐은 수의 합의 조건을 이용하는 '가쿠로'라고 불리는 퍼즐입니다. 앞에서 배운 '스도쿠'의 규칙인 같은 줄에는 같은 수가 한 번씩만 나와야 한다는 규칙이 서로 같습니다.

3 ① 1+2+3+4+5+6+7+8=36이고 두 번째 규칙에서 3과 7 사이의 수의 합은 24입니다. 3과 7을 제외한 1부터 8까지의 수의 합은 26이므로 3과 7 사이에 있지 않은 수는 26−24=2입니다.
3과 7 사이에 2가 있지 않은 경우는 다음과 같이 4가지입니다.

해결 전략
수 사이의 합이 가장 큰 경우부터 생각합니다.

| 2 | 3 | | | | | 7 | |

| 3 | | | | | 7 | 2 |

| 2 | 7 | | | | | 3 |

| 7 | | | | | 3 | 2 | ➡ 4가지

② 세 번째 규칙에서 2와 4 사이의 수의 합은 4이므로 2와 4 사이에 있는 수는 3과 1입니다.

따라서 3 옆에는 1을, 1 옆에는 4를 써야 합니다.

2	3	1	4				7

3						7	2

⇨ 2와 4 사이의 수의 합이 4가 되도록 3 옆에 1을 쓸 수 없습니다.

2	7						3

7				4	1	3	2

⇨ 2와 4 사이의 수의 합이 4가 되도록 3 옆에 1을 쓸 수 없습니다.

③ 첫 번째 규칙에서 8과 1 사이의 수의 합은 10이므로 8과 1 사이에 있는 수는 4와 6입니다.

따라서 4 옆에는 6을, 6 옆에는 8을 써야 합니다.

2	3	1	4	6	8		7

7		8	6	4	1	3	2

④ 나머지 칸에 남은 수 5를 써넣습니다.

2	3	1	4	6	8	5	7

7	5	8	6	4	1	3	2

4 수가 쓰이지 않는 칸에 ×표 하고, 가로줄과 세로줄에 쓰이는 수의 개수와 합을 이용하여 빈칸을 채웁니다.

① 4째 세로줄에는 점이 없으므로 수가 쓰이지 않습니다. 따라서 모두 ×표 합니다.

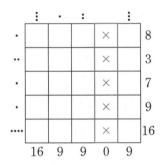

② 5째 가로줄에는 수가 4개 들어가고 2째 세로줄에는 수가 1개 들어가므로 9의 위치는 다음과 같습니다.

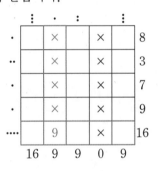

③ 4째 가로줄에는 9가 1개 들어갑니다. 3째 세로줄에 9가 들어가면 수가 2개 들어갈 수 없고 5째 세로줄에 9가 들어가면 수가 3개 들어갈 수 없으므로 9의 위치는 다음과 같습니다.

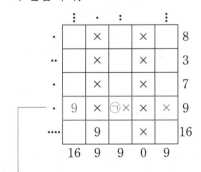

④ 1째 가로줄에는 수가 1개 들어가는데 5째 세로줄에 8이 들어가면 5째 세로줄에 수가 3개 들어갈 수 없고, 1째 세로줄에도 들어갈 수 없으므로 8의 위치는 3째 세로줄입니다.

×	×	8	×	×	8
	×		×		3
	×		×		7
9	×	×	×	×	9
	9		×		16

16 9 9 0 9

보충 개념
㉠에 9가 들어가면 9와 어떤 수의 합이 9가 되는 어떤 수는 0이므로 3째 세로줄에는 9가 들어갈 수 없습니다.

⑤ 5째 세로줄에 수가 3개 들어가고 3째 가로
줄에 수가 1개 들어가므로 두 줄이 만나는
곳에 7이 들어갑니다. 따라서 5째 세로줄
의 2개의 빈칸에 합이 9가 되도록 각각 1
을 씁니다.

⋮	·	⋮		⋮	
×	×	8	×	×	8
	×		×	1	3
×	×	×	×	7	7
9	×	×	×	×	9
	9		×	1	16
16	9	9	0	9	

⑥ 2째 가로줄에서 2개의 빈칸 중 한 칸에 2
가 들어가야 하고 3째 세로줄에는 2가 들
어갈 수 없으므로 1째 세로줄에 2가 들어
갑니다.

⋮	·	⋮		⋮	
×	×	8	×	×	8
2	×	×	×	1	3
×	×	×	×	7	7
9	×	×	×	×	9
	9		×	1	16
16	9	9	0	9	

⑦ 나머지 빈칸에 알맞은 수를 써넣습니다.

⋮	·	⋮		⋮	
×	×	8	×	×	8
2	×	×	×	1	3
×	×	×	×	7	7
9	×	×	×	×	9
5	9	1	×	1	16
16	9	9	0	9	

➡

⋮	·	⋮		⋮	
		8			8
2				1	3
				7	7
9					9
5	9	1		1	16
16	9	9	0	9	

2-1. 합이 같은 줄을 찾아 문제 해결하기 18~19쪽

1 ㉠=8, ㉡=1, ㉢=4, ㉣=9

최상위
사고력 ㉠=1, ㉡=11, ㉢=5, ㉣=8, ㉤=7

2 6

저자 톡! 앞에서는 다양한 조건에서 수를 배열하는 방법을 학습하였다면 이 단원에서는 합 조건만을 이용하여 수를 배열하는 방법을 알아봅
니다. 구체적인 조건은 같은 원 또는 같은 줄에 있는 수의 합이 같다는 것입니다. 앞에서와 마찬가지로 제일 먼저 알 수 있는 자리의 수부터 찾
아 효율적으로 문제를 풀도록 합니다. 특히 '㉠+㉡=㉠+㉢ ➡ ㉡=㉢'임을 활용하여 문제를 좀 더 쉽게 풀 수 있도록 합니다.

1 ① ㉡을 가리면 3+7=6+㉢, ㉢=4입니다.

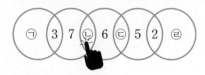

해결 전략
겹치는 부분이 있는 두 원에서 겹치지 않는
부분의 수의 합은 같음을 이용합니다.

② 한 원 안에 있는 수의 합이 $4+5+2=11$이 되도록 ㉠, ㉡, ㉣에 알맞은 수를 구합니다.

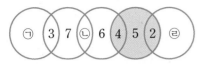

$㉠+3=11$, $3+7+㉡=11$, $2+㉣=11$에서

$㉠=8$, $㉡=1$, $㉢=4$, $㉣=9$입니다.

2 한 줄에 놓인 5개의 수의 합이 $15+16+11+6+7=55$이므로 ㉡, ㉢에 알맞은 수를 구하고 손가락으로 수를 가리는 방법을 이용하여 ㉠에 알맞은 수를 구합니다.

① $㉡+22+7+2+8=55$,
$㉡+39=55$,
$㉡=16$

6		15		㉠
9		16	8	
5		11		
㉢		6	15	1
㉡	22	7	2	8

② $6+9+5+㉢+16=55$,
$36+㉢=55$,
$㉢=19$

6		15		㉠
9		16	8	
5		11		
㉢		6	15	1
16	22	7	2	8

③ $19+6+15+1=16+11+8+㉠$,
$35+㉠=41$,
$㉠=6$

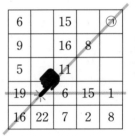

6		15		㉠
9		16	8	
5		11		
19		6	15	1
16	22	7	2	8

최상위 사고력 ① ㉠ 가리기

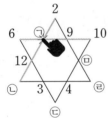

$2+12+㉡=6+9+10$,
$14+㉡=25$,
$㉡=11$

② ㉣ 가리기

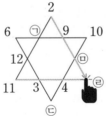

$2+9+㉤=11+3+4$,
$11+㉤=18$,
$㉤=7$

③ 2 가리기

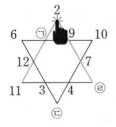

$㉠+12+11=9+7+㉣$,
$㉠+23=16+㉣$,
$㉣=㉠+7$

④ 12 가리기

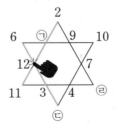

$2+㉠+11=6+3+㉢$,
$㉠+13=9+㉢$,
$㉢=㉠+4$

해결 전략
손가락 가리기를 이용하여 먼저 ㉠, ㉤에 알맞은 수를 구합니다.

조건에서 ㉠+㉡+㉢+㉣+㉤=32이므로

㉠+11+(㉠+4)+(㉠+7)+7=32

㉠×3+29=32, ㉠=1입니다.

따라서 ㉢=1+4=5, ㉣=1+7=8입니다.

> **다른 풀이**
>
> 삼각형의 각 변과 나란히 한 줄로 있는 네 수의 합을 먼저 구한 후 ㉠, ㉡, ㉢, ㉣, ㉤이 나타내는 수를 구합니다.
>
> 6개의 변과 나란히 한 줄로 있는 네 수의 합을 모두 더하면 각 수들은 2번씩 더해지고 각 줄의 네 수의 합은 모두 같으므로 한 줄에 있는 네 수의 합은
>
> ((2+6+9+10+12+3+4)+(㉠+㉡+㉢+㉣+㉤))×2÷6
>
> =(46+32)×2÷6=26입니다.
>
> 따라서 한 줄에 있는 네 수의 합이 26이 되도록 ㉠, ㉡, ㉢, ㉣, ㉤이 나타내는 수를 구합니다.
>
> ㉠=26−(6+9+10)=1
>
> ㉡=26−(2+1+12)=11
>
> ㉢=26−(6+12+3)=5
>
> ㉣=26−(11+3+4)=8
>
> ㉤=26−(10+4+5)=7

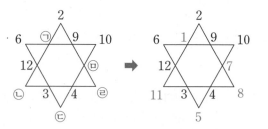

---

1 8

2 예 (1)

(2)

최상위
사고력 예

저자 톡! 한 줄의 합이 주어진 상태에서 주어진 수를 조건에 맞게 배열하는 내용으로 기본적인 가로 3칸, 세로 3칸의 마방진을 풀 때 중요하게 사용되는 원리입니다. 예상하고 확인하는 방법으로 수를 넣어 보는 과정도 필요하지만 가장 먼저 알 수 있는 자리부터 수를 추리하며 풀어봅니다.

---

1 빨간색 선으로 둘러싸인 6칸에 쓰인 수의 합과 파란색 선으로 둘러싸인 5칸에 쓰인 수의 합을 더하면 ㉠은 2번 더하게 됩니다. 각 칸에는 1부터 10까지의 수가 쓰이게 되므로

(1+2+3+…+9+10)+㉠=30+33, 55+㉠=63, ㉠=8입니다.

> **해결 전략**
>
> 빨간색 선과 파란색 선으로 모두 둘러싸인 칸은 2번 더해집니다.

각 칸에는 1부터 10까지의 수가 쓰이게 되므로
$30-㉠+㉠+33-㉠=1+2+3+\cdots+9+10$
$63-㉠=55$, $㉠=8$입니다.

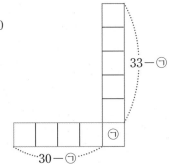

2 (1) $(㉠+㉡+㉢)+(㉢+㉣+㉤)+(㉤+㉥+㉠)$
$=9\times3,$
$(㉠+㉡+㉢+㉣+㉤+㉥)+(㉠+㉢+㉤)$
$=27,$
$(1+2+3+4+5+6)+(㉠+㉢+㉤)=27,$
$㉠+㉢+㉤=6$이므로 세 수 ㉠, ㉢, ㉤은 1, 2, 3 중 하나입니다.
꼭짓점에 있는 ○ 안에 1, 2, 3을 쓴 후 나머지 빈 곳에 각 변에 있는
○ 안의 세 수의 합이 9가 되도록 수를 씁니다.

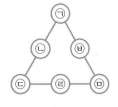

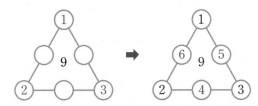

(2) $(㉠+㉡+㉢)+(㉢+㉣+㉤)+(㉤+㉥+㉠)=12\times3,$
$(㉠+㉡+㉢+㉣+㉤+㉥)+(㉠+㉢+㉤)=36,$
$(1+2+3+4+5+6)+(㉠+㉢+㉤)=36,$
$㉠+㉢+㉤=15$이므로 세 수 ㉠, ㉢, ㉤은 4, 5, 6 중
하나입니다. 꼭짓점에 있는 ○ 안에 4, 5, 6을 쓴 후 나머지
빈 곳에 각 변에 있는 ○ 안의 세 수의 합이 12가 되도록 수를 씁니다.

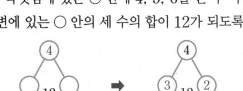

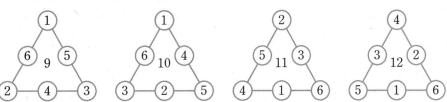

① $(㉠＋㉡＋㉢)＋(㉢＋㉣＋㉤)＋(㉤＋㉥＋㉦)$
$＋(㉦＋㉧＋㉨)＋(㉨＋㉩＋㉠)＝14×5,$
$(㉠＋㉡＋㉢＋㉣＋㉤＋㉥＋㉦＋㉧＋㉨＋㉩)$
$＋(㉠＋㉢＋㉤＋㉦＋㉨)＝70,$
$(1＋2＋3＋\cdots＋10)＋(㉠＋㉢＋㉤＋㉦＋㉨)$
$＝70,$
$㉠＋㉢＋㉤＋㉦＋㉨＝15$이므로 5개의 수 ㉠, ㉢, ㉤, ㉦, ㉨은
1, 2, 3, 4, 5 중 하나입니다.

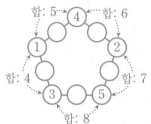

해결 전략
오각형의 각 변에 있는 ○ 안의 세 수의 합
을 모두 더하면 꼭짓점에 있는 5개의 수는
두 번씩 더해집니다.

② 꼭짓점에 있는 ○ 안에 1, 2, 3, 4, 5를
이웃한 꼭짓점에 있는 ○ 안의 수의 합
이 오른쪽과 같이 연속하도록 씁니다.

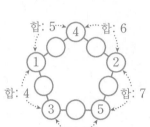

보충 개념
나머지 수 6, 7, 8, 9, 10이 1씩 커지므로
세 수의 합이 14로 같으려면 꼭짓점에 있는
○ 안의 두 수의 합도 1씩 커져야 합니다.

③ 나머지 빈 곳에 각 변에 있는 ○ 안의 세 수의
합이 14가 되도록 수를 씁니다.

2-3. 한 줄의 합의 최대·최소

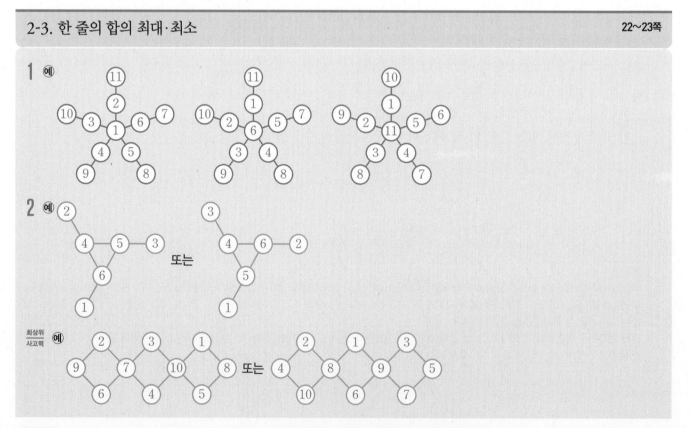

1 예

2 예   또는

최상위
사고력 예   또는

저자 톡! 각 줄의 수의 합이 주어지지 않은 상태에서 수를 배열하는 내용입니다. 특히 한 줄의 합이 최대 또는 최소가 되는 경우를 배우게 됩
니다. 이번에도 역시 가장 먼저 알 수 있는 자리부터 찾아 효율적으로 문제를 해결할 수 있도록 합니다.

1 한 선분에 있는 ○ 안의 세 수의 합은

$((1+2+3+\cdots+11)+\text{㉠}\times4)\div5=$

$(66+\text{㉠}\times4)\div5$입니다.

㉠은 1부터 11까지의 수 중 하나이고 한 선분에 있는 ○ 안의 세 수의 합은 자연수이므로 $(66+\text{㉠}\times4)$는 5의 배수입니다.

따라서 ㉠이 될 수 있는 수는 <u>1, 6, 11</u>입니다.

해결 전략
㉠에 알맞은 수를 먼저 구합니다.

보충 개념
66보다 큰 5의 배수를 생각합니다.
$66+ \boxed{1} \times4=5\times14=70$
$66+ \boxed{6} \times4=5\times18=90$
$66+ \boxed{11} \times4=5\times22=110$

① ㉠=1인 경우

(한 선분에 있는 ○ 안의 세 수의 합)

$=(66+1\times4)\div5=14$

(나머지 두 수의 합)$=14-1=13$

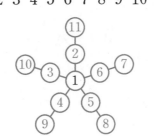

보충 개념
㉠의 위치에 1을 쓴 후 각 선분에 있는 ○ 안의 세 수의 합이 14가 되도록 각 선분의 나머지 ○ 안에 (2, 11), (3, 10), (4, 9), (5, 8), (6, 7)을 씁니다. 이때 (2, 11), (3, 10), (4, 9), (5, 8), (6, 7)의 위치는 바뀌어도 세 수의 합은 같으므로 한 가지로 생각합니다.

② ㉠=6인 경우

(한 선분에 있는 ○ 안의 세 수의 합)

$=(66+6\times4)\div5=18$

(나머지 두 수의 합)$=18-6=12$

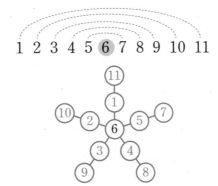

③ ㉠=11인 경우

(한 선분에 있는 ○ 안의 세 수의 합)

$=(66+11\times4)\div5=22$

(나머지 두 수의 합)$=22-11=11$

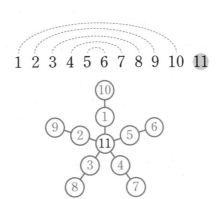

2 ① 각 선분에 있는 ○ 안의 세 수의 합을 □라 하면

$(1+2+3+4+5+6)+(\text{㉠}+\text{㉡}+\text{㉢})$

$=\square\times3,$

$21+(\text{㉠}+\text{㉡}+\text{㉢})=\square\times3$이므로

㉠+㉡+㉢의 값은 3의 배수입니다. 각 선분에 있는 ○ 안의 세 수의 합이 가장 커야 하므로 ㉠, ㉡, ㉢이 될 수 있는 수는 4, 5, 6입니다. ($4+5+6=15$이므로 3의 배수입니다.)

해결 전략
각 선분에 있는 ○ 안의 세 수의 합이 가장 크려면 2번씩 더해지는 수인 ㉠, ㉡, ㉢이 될 수 있는 대로 가장 커야 합니다.

② (한 선분에 있는 ○ 안의 세 수의 합)=(21+(4+5+6))÷3=12
이므로 ㉠, ㉡, ㉢에 4, 5, 6을 쓰고 각 선분에 있는 ○ 안의 세 수의
합이 12가 되도록 나머지 수 1, 2, 3을 빈 곳에 알맞게 씁니다.

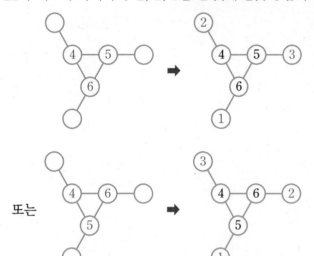

최상위 사고력 ◇ 모양에 있는 ○ 안의 네 수의 합을 □라 하면

$(1+2+3+\cdots+10)+㉠+㉡=□×3$,

$55+㉠+㉡=□×3$이므로

$(55+㉠+㉡)$은 3의 배수입니다.

따라서 $(㉠+㉡)$이 될 수 있는 수는 2, 5, 8, 11, 14, 17입니다.

○ 안의 네 수의 합이 가장 클 때 $(㉠+㉡)$의 값은 17이므로

이때 ㉠, ㉡이 될 수 있는 수는 8과 9 또는 7과 10입니다.

각 ◇ 모양에 있는 ○ 안의 네 수의 합은

$((1+2+3+\cdots+10)+17)÷3=24$이므로 ㉠과 ㉡의 위치에 8과 9
또는 7과 10을 쓰고 ◇ 모양에 있는 ○ 안의 네 수의 합이 24가 되도
록 빈 곳에 나머지 수를 씁니다.

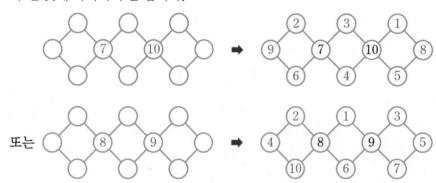

1 예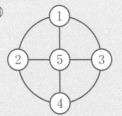

2 예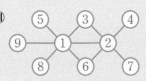

3 예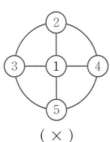

4 10

1 (가로줄에 있는 ○ 안의 세 수의 합)
　＝(세로줄에 있는 ○ 안의 세 수의 합)
　＝((1＋2＋3＋4＋5)＋㉠)÷2이므로
　(15＋㉠)는 2의 배수입니다.
　㉠이 될 수 있는 수는 1, 3, 5입니다.
　① ㉠＝1인 경우
　　가로줄 또는 세로줄에 있는 ○ 안의 세 수의 합
　　이 (15＋1)÷2＝8이 되도록 수를 쓰면 원주
　　에 있는 ○ 안의 네 수의 합이
　　2＋3＋4＋5＝14가 되어 합이 서로 다릅니
　　다.

　② ㉠＝3인 경우
　　가로줄 또는 세로줄에 있는 ○ 안의 세 수의 합
　　이 (15＋3)÷2＝9가 되도록 수를 쓰면 원주
　　에 있는 ○ 안의 네 수의 합이
　　1＋2＋4＋5＝12가 되어 합이 서로 다릅니다.

　③ ㉠＝5인 경우
　　가로줄 또는 세로줄에 있는 ○ 안의 세 수의 합
　　이 (15＋5)÷2＝10이 되도록 수를 쓰면 원
　　주에 있는 ○ 안의 네 수의 합은
　　1＋2＋3＋4＝10이 되어 합이 서로 같습니다.

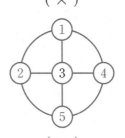

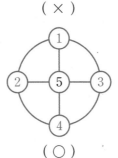

해결 전략
가로줄과 세로줄에 있는 ○ 안의 세 수의 합
이 같음을 이용하여 ㉠에 알맞게 들어갈 수
있는 수부터 먼저 구합니다.

보충 개념
((1＋2＋3＋4＋5)＋㉠)÷2는 자연수
이므로
(15＋㉠)은 2의 배수입니다.

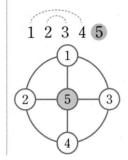

(가로줄에 있는 ○ 안의 세 수의 합)＋(세로줄에 있는 ○ 안의 세 수의 합)

＋(원의 원주에 있는 ○ 안의 네 수의 합)

＝(㉠＋㉢＋㉤)＋(㉠＋㉡＋㉣)＋(㉡＋㉢＋㉣＋㉤)

＝2×(㉠＋㉡＋㉢＋㉣＋㉤)

＝2×15

＝30

1 2 3 4 **5**

가로줄, 세로줄, 원주에 있는 수의 합이 각각 같고 30＝3×10이므로
세 수 또는 네 수의 합은 10입니다.
따라서 ㉡＋㉢＋㉣＋㉤＝10이므로 ㉠은 5입니다.

---

2 각 줄에 있는 세 수의 합이 모두 같으므로
㉠＋㉡＋㉢＝㉤＋㉥＋㉦입니다.
또 1＋2＋3＋4＋5＋6＋7＝28로 짝수이
므로 ㉣이 될 수 있는 수는 짝수 2, 4, 6 중 하나
입니다.

① ㉣＝2인 경우

(가로줄 또는 세로줄에 있는 세 수의 합)

＝(1＋3＋4＋5＋6＋7)÷2＝13

1, 3, 4, 5, 6, 7 중에서 합이 13인 세 수는
(1, 5, 7), (3, 4, 6)이므로 5와 6을 2의 위
또는 아래에 써서 세로줄의 세 수의 합이 13
이 되게 하고 나머지 수도 가로줄의 세 수의
합이 13이 되도록 씁니다.

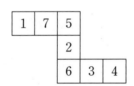

② ㉣＝4인 경우

(가로줄 또는 세로줄에 있는 세 수의 합)

＝(1＋2＋3＋5＋6＋7)÷2＝12

1, 2, 3, 5, 6, 7 중에서 합이 12인 세 수는
(1, 5, 6), (2, 3, 7)이므로 3과 5를 4의 위
또는 아래에 써서 세로줄의 세 수의 합이 12
가 되게 하고 나머지 수도 가로줄의 세 수의
합이 12가 되도록 씁니다.

③ ㉣＝6인 경우

(가로줄 또는 세로줄에 있는 세 수의 합)

＝(1＋2＋3＋4＋5＋7)÷2＝11

㉣이 될 수 있는 수를 먼저 구해 봅니다.

(㉠＋㉡＋㉢)＝(㉤＋㉥＋㉦)이므로
(㉠＋㉡＋㉢), (㉤＋㉥＋㉦)은 둘다 홀수
이거나 짝수입니다.
(짝수)＋(짝수)＝(짝수),
(홀수)＋(홀수)＝(짝수)이므로
(㉠＋㉡＋㉢)＋(㉤＋㉥＋㉦)＝(짝수)입
니다.
㉣＝28－(㉠＋㉡＋㉢＋㉤＋㉥＋㉦)이
고 (짝수)－(짝수)＝(짝수)이므로 ㉣도 짝
수입니다.

• 1, 3, 4, 5, 6, 7 중 합이 13인 세 수 구하기
13은 홀수이고
(홀수)＝(홀수)＋(홀수)＋(홀수) 또는
(홀수)＝(홀수)＋(짝수)＋(짝수)이므로
1, 3, 4, 5, 6, 7을
(홀수, 홀수, 홀수) 또는 (홀수, 짝수, 짝수)
로 묶어 합이 13인 경우를 찾습니다.

1, 2, 3, 4, 5, 7 중에서 합이 11인 세 수는 (1, 3, 7), (2, 4, 5)이므로 1과 4를 6의 위 또는 아래에 써서 세로줄의 세 수의 합이 11 이 되게 하고 나머지 수도 가로줄의 세 수의 합이 11이 되도록 씁니다.

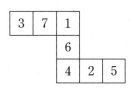

3 ① ㉠, ㉡이 될 수 있는 수는 1부터 9까지의 수 중 가장 작은 1과 2입니다.

해결 전략
각 선분에 있는 ○ 안의 세 수의 합이 가장 작으려면 각 선분에 있는 ○ 안의 세 수의 합을 모두 더할 때 가장 여러 번 더해지는 수인 ㉠, ㉡이 될 수 있는 대로 가장 작아야 합니다.

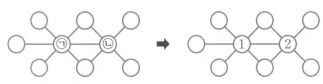

② 각 선분에 있는 ○ 안의 세 수의 합은 모두 같으므로 그 합이 가장 작게 되려면 가장 큰 수인 9를 1, 2가 있는 선분의 ○ 안에 써야 합니다.

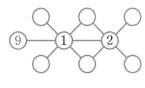

③ 9+1+2=12이므로 각 선분에 있는 ○ 안의 세 수의 합이 12가 되도록 나머지 ○ 안에 알맞은 수를 씁니다.

4 삼각형의 한 변에 있는 ○ 안의 세 수의 합을 □라 하면 (1+2+3+4+5+6)+(3+㉠+㉣)=□×3, 24+㉠+㉣=□×3입니다. 24+㉠+㉣은 3의 배수이므로 ㉠+㉣도 3의 배수입니다. 따라서 ㉠+㉣이 될 수 있는 수는 3, 6, 9입니다. 삼각형의 한 변에 있는 ○ 안의 세 수의 합 중 가장 큰 값을 구해야 하므로 ㉠+㉣이 9가 되는 경우부터 생각해 봅니다.

해결 전략
삼각형의 한 변에 있는 ○ 안의 세 수의 합을 구한 후, 합을 이용하여 한 변의 가운데에 있는 수를 찾아봅니다.

① ㉠=4, ㉣=5인 경우(㉠+㉣=9)
24+4+5=□×3, □=11
➡ ㉡=4가 되므로 불가능

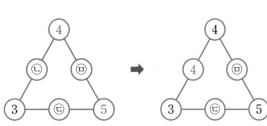

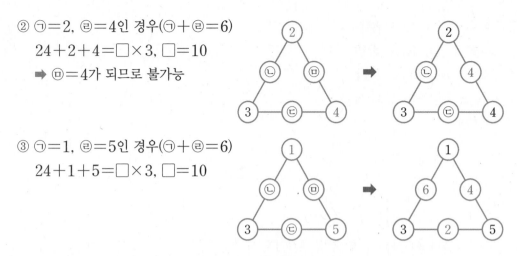

② ㉠＝2, ㉣＝4인 경우(㉠＋㉣＝6)
   24＋2＋4＝□×3, □＝10
   ➡ ㉤＝4가 되므로 불가능

③ ㉠＝1, ㉣＝5인 경우(㉠＋㉣＝6)
   24＋1＋5＝□×3, □＝10

따라서 삼각형의 한 변에 있는 ○ 안의 세 수의 합 중 가장 큰 값은 10입니다.

최상위 사고력 3 여러 가지 마방진

3-1. 마방진

26~27쪽

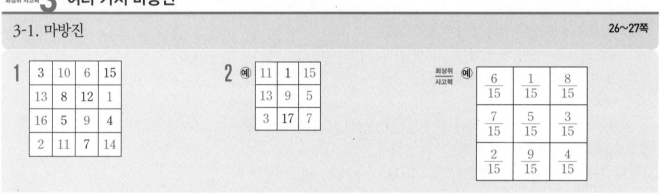

1
3	10	6	15
13	8	12	1
16	5	9	4
2	11	7	14

2 예
11	1	15
13	9	5
3	17	7

최상위 사고력 예
$\frac{6}{15}$	$\frac{1}{15}$	$\frac{8}{15}$
$\frac{7}{15}$	$\frac{5}{15}$	$\frac{3}{15}$
$\frac{2}{15}$	$\frac{9}{15}$	$\frac{4}{15}$

저자 톡! 마방진의 기본적인 원리를 이용하여 가로, 세로 3칸의 마방진을 푸는 내용입니다. 앞에서 학습한 수 배열에서와 마찬가지로 가장 먼저 알 수 있는 자리부터 수를 추리하여 문제를 논리적으로 해결할 수 있도록 합니다.

1 가로, 세로, 대각선에 있는 수들의 합이 모두 같으면 가로 네 줄에 있는
수들의 합도 모두 같으므로 한 줄에 있는 네 수의 합은
$(1＋2＋3＋\cdots＋16)\div4＝136\div4＝34$입니다.
가로, 세로, 대각선에 있는 네 수의 합이 모두 34가 되도록 빈칸에 알맞
은 수를 써넣습니다.

해결 전략
먼저 한 줄에 있는 네 수의 합을 구합니다.

보충 개념
㉠＋㉡＝29이고 1부터 16까지의 수 중에
서 두 수의 합이 29인 경우는 두 수가
(13, 16), (14, 15)인 경우입니다.
하지만 15는 이미 쓰였으므로
㉠＝13, ㉡＝16 또는 ㉠＝16, ㉡＝13
입니다.
㉠＝16이면 ㉠이 있는 가로줄의 네 수의
합이 34보다 커지므로 ㉠＝13, ㉡＝16입
니다.

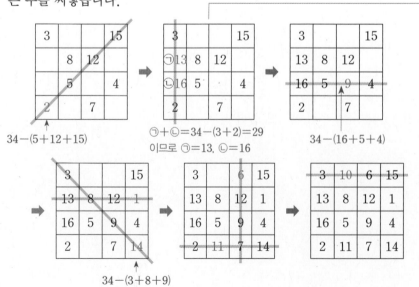

$34-(5+12+15)$

㉠＋㉡＝34-(3+2)＝29
이므로 ㉠＝13, ㉡＝16

$34-(16+5+4)$

$34-(3+8+9)$

2 ① 가로 세 줄의 합은 모두 같아야 하고 9칸에는 주어진 9개의 홀수가 들어가므로 한 줄에 있는 세 수의 합은 $(1+3+5+\cdots+17)\div3=27$입니다.

② 가로줄, 세로줄, 대각선 두 줄에 있는 세 수의 합을 모두 더하면 한가운데 수는 4번 더해지므로
$(1+3+5+\cdots+17)+$(한가운데 수)$\times3=27\times4$,
$81+$(한가운데 수)$\times3=108$,
(한가운데 수)$\times3=27$, (한가운데 수)$=9$입니다.

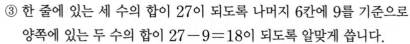

③ 한 줄에 있는 세 수의 합이 27이 되도록 나머지 6칸에 9를 기준으로 양쪽에 있는 두 수의 합이 $27-9=18$이 되도록 알맞게 씁니다.

1		
9		
17		

➡

11	1	15
	9	
3	17	7

➡

11	1	15
13	9	5
3	17	7

이외에도 답은 여러 가지입니다.

해결 전략
한 줄에 있는 세 수의 합을 구한 후, 한가운데에 들어갈 수를 구합니다.

보충 개념
수가 한 번씩 들어가는 마방진을 풀 때에는 이미 사용한 수는 $\times$ 표시를 하고 나머지 수만 사용하도록 합니다.

최상위 사고력 ① 1부터 9까지의 수를 한 번씩 써넣어 가로, 세로 3칸인 마방진 만들기
각 줄에 있는 세 수의 합은 $(1+2+3+\cdots+9)\div3=15$입니다.
한가운데 칸의 수를 ■라 하면
$(1+2+3+\cdots+9)+$■$\times3=15\times4$, $45+$■$\times3=60$,
■$\times3=15$, ■$=5$입니다.
각 줄의 세 수의 합이 15가 되도록 나머지 수를 씁니다.

	5	

➡

6	1	8
7	5	3
2	9	4

해결 전략
1부터 9까지의 수를 한 번씩 써넣어 가로 3칸, 세로 3칸인 마방진을 만든 후 한 줄에 있는 세 분수의 합이 1이 되도록 만들 수 있는 방법을 생각합니다.

② 각 줄에 있는 세 수의 합이 1인 마방진 만들기
①에서 각 줄의 세 수의 합이 15가 되도록 만들었으므로 각 수를 15로 나누면 가로, 세로, 대각선에 있는 수들의 합이 모두 $15\div15=1$이 됩니다.

$\dfrac{6}{15}$	$\dfrac{1}{15}$	$\dfrac{8}{15}$
$\dfrac{7}{15}$	$\dfrac{5}{15}$	$\dfrac{3}{15}$
$\dfrac{2}{15}$	$\dfrac{9}{15}$	$\dfrac{4}{15}$

이외에도 답은 여러 가지입니다.

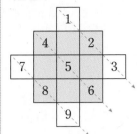

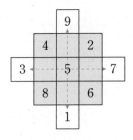

1부터 9까지의 수를 화살표 방향으로 써넣습니다.

마방진 밖에 있는 숫자들은 서로 바꿉니다.

마방진 밖에 있는 숫자들을 안에 씁니다.

가로, 세로, 대각선에 있는 세 수의 합이 15이므로 각 수를 15로 나누면 가로, 세로, 대각선에 있는 수들의 합이 1이 됩니다.

$\frac{4}{15}$	$\frac{9}{15}$	$\frac{2}{15}$
$\frac{3}{15}$	$\frac{5}{15}$	$\frac{7}{15}$
$\frac{8}{15}$	$\frac{1}{15}$	$\frac{6}{15}$

3-2. 수의 쌍을 이용하는 마방진

1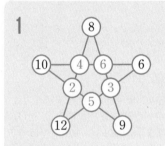

2 예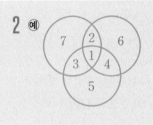

최상위 사고력 예

저자 톡! 이 단원에서는 가로, 세로 3칸인 정사각형 모양의 마방진이 아닌 다양한 모양의 마방진을 수의 쌍을 이용하는 방법으로 풀게 됩니다. 이때 수가 들어갈 위치와 수의 쌍을 어떻게 연결지을 수 있는지 생각해가며 문제를 해결하도록 합니다.

1 각 변에 있는 ○ 안의 네 수의 합이 모두 26이므로
㉠+㉡=6, ㉡+㉢=7, ㉢+㉣=8,
㉣+㉤=9, ㉠+㉤=10입니다.

㉠, ㉡, ㉢, ㉣, ㉤ 중에서 ㉠ 또는 ㉡이 될 수 있는 수는 1부터 5까지로 가능한 수의 개수가 가장 적으므로 ㉠을 기준으로 ㉡, ㉢, ㉣, ㉤에 알맞은 수를 찾아봅니다.

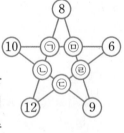

㉠	㉡	㉢	㉣	㉤	㉠+㉤
1	5	2	6	3	4(×)
2	4	3	5	4	6(×)
3	3	4	4	5	8(×)
4	2	5	3	6	10(○)
5	1	6	2	7	12(×)

해결 전략
㉠에 1부터 차례대로 수를 넣어 ㉡, ㉢, ㉣, ㉤에 알맞은 수를 찾고 그중에서 각 변의 합이 26이 되는 경우를 찾습니다.

다른 풀이
㉠+㉡=6, ㉡+㉢=7, ㉢+㉣=8, ㉣+㉤=9, ㉠+㉤=10이므로
(㉠+㉡+㉢+㉣+㉤)×2
=6+7+8+9+10=40,
㉠+㉡+㉢+㉣+㉤=20
㉠+㉡=6, ㉢+㉣=8이므로
㉤=20-6-8=6
㉣+㉤=9이므로 ㉣=3
㉢+㉣=8이므로 ㉢=5
㉡+㉢=7이므로 ㉡=2
㉠+㉡=6이므로 ㉠=4
따라서 ㉠=4, ㉡=2, ㉢=5, ㉣=3, ㉤=6입니다.

따라서 ㉠=4, ㉡=2, ㉢=5, ㉣=3, ㉤=6
입니다.

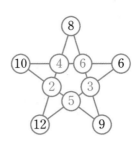

2 합이 13인 네 수의 쌍은 (1, 2, 3, 7), (1, 2, 4, 6), (1, 3, 4, 5)로
3가지입니다.

3개의 원이 겹치는 부분: ㉠,

2개의 원이 겹치는 부분: ㉡, ㉢, ㉣,

겹치지 않는 부분: ㉤, ㉥, ㉦이라 하면

합이 13인 네 수의 쌍에서 겹치는 수의 횟수에 따라
1부터 6까지의 수가 들어가는 곳을 알 수 있습니다.

해결 전략
(1, 2, 3, 7)과 같이 네 수의 합이 13이 되
는 수의 쌍을 모두 찾아봅니다.

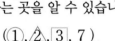

(①, △, ③, 7)

(①, △, ☆, 6)

(①, ③, ☆, 5)

○는 3개의 원이 겹치는 부분이므로 ㉠=1입니다.

△, □, ☆은 2개의 원이 겹치는 부분이므로 ㉡, ㉢, ㉣에 2, 3, 4를
쓰고 한 원 안에 있는 네 수의 합이 모두 13이 되도록 나머지 빈칸을 채
웁니다.

보충 개념
2, 3, 4는 2개의 원이 겹쳐지는 곳 ㉡, ㉢,
㉣ 어느 곳에나 쓸 수 있습니다.

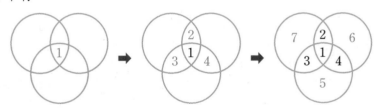

이외에도 답은 여러 가지입니다.

최상위 사고력 각 원의 둘레에 있는 □ 안의 네 수의 합을 모두 더하면 1부터 6까지의
수는 두 번씩 더해집니다.

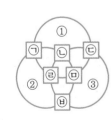

$$\underbrace{㉠+㉣+㉤+㉢}_{원 ①}+\underbrace{㉠+㉡+㉤+㉥}_{원 ②}+\underbrace{㉢+㉡+㉣+㉥}_{원 ③}$$

(원 ①+원 ②+원 ③)

=(㉠+㉡+㉢+㉣+㉤+㉥)×2

=(1+2+3+4+5+6)×2=42

따라서 한 원의 둘레에 있는 □ 안의 네 수의 합은 42÷3=14입니다.

합이 14인 네 수는 (1, 2, 5, 6), (1, 3, 4, 6), (2, 3, 4, 5)로 3가지이므로 각 수의 쌍은 각 원의 둘레에 있는 □
안의 네 수가 될 수 있습니다.

원 ①+원 ②+원 ③의 둘레에 있는 □ 안의 네 수의 쌍을 차례로 (1, 2, 5, 6), (1, 3, 4, 6), (2, 3, 4, 5)라 하
면 원 ①과 원 ②에 공통으로 들어가는 수는 1, 6이고, 원 ②와 원 ③에 공통으로 들어가는 수는 3, 4, 원 ③과 원
①에 공통으로 들어가는 수는 2, 5입니다.

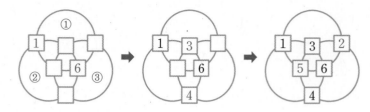

이외에도 답은 여러 가지입니다.

3-3. 입체 마방진

1

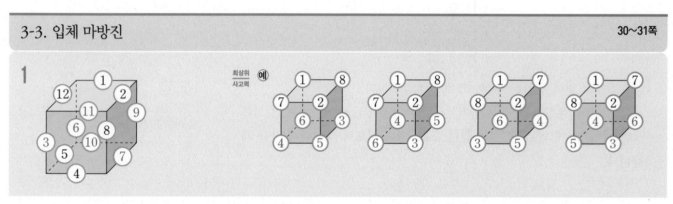

최상위
사고력 **(예)**

저자 톡! 이 단원에서는 입체 마방진을 학습합니다. 입체도형에서는 수가 모서리나 꼭짓점에 놓이고 각 면의 둘레에 있는 수들의 합이 같게 됩니다. 복잡해 보일 수 있지만 평면 마방진을 풀었던 방법이 그대로 적용되므로 차근차근 수를 추리해 가며 풀어 보도록 합니다.

1 각 면의 둘레에 있는 ◯ 안의 네 수의 합을 모두 더하면 1부터 12까지의 수는 모두 2번씩 더해집니다.
따라서 각 면의 둘레에 있는 ◯ 안의 네 수의 합을 ☐라 하면
$(1+2+3+\cdots+12) \times 2 = \square \times 6$, $156 = \square \times 6$, $\square = 26$입니다.

ㄱ, ㄴ, ㄷ의 순서로 ◯ 안에
알맞은 수를 구합니다.

ㄱ: $26-(12+1+2)=11$
ㄴ: $26-(11+4+8)=3$
ㄷ: $26-(12+3+5)=6$

ㄹ+ㅁ=17, ㅁ+ㅂ=16,
ㅂ+ㄹ=19이므로
남은 수 7, 9, 10을 ㄹ, ㅁ, ㅂ에
알맞게 써넣습니다.

해결 전략
먼저 정육면체의 각 면의 둘레에 있는 ◯ 안의 네 수의 합을 구합니다.

보충 개념
ㄹ+ㅁ=17
ㅁ+ㅂ=16
+) ㅂ+ㄹ=19
ㄹ+ㅁ+ㅁ+ㅂ+ㅂ+ㄹ
=17+16+19
(ㄹ+ㅁ+ㅂ)×2=52
ㄹ+ㅁ+ㅂ=26
ㄹ+ㅁ=17이므로 ㅂ=9
ㅁ+ㅂ=16이므로 ㄹ=10
ㅂ+ㄹ=19이므로 ㅁ=7

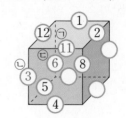

① 각 면의 꼭짓점에 있는 네 수의 합 구하기

정육면체의 면은 6개이므로

각 면의 꼭짓점에 있는 네 수의 합을 □라 하면

$(1+2+3+\cdots+7+8)\times3=□\times6$, $36\times3=□\times6$,

$108=□\times6$, $□=18$

② 합이 18인 네 수의 쌍 모두 찾기

$(1, 2, 7, 8)$, $(1, 3, 6, 8)$, $(1, 4, 5, 8)$, $(1, 4, 6, 7)$, $(2, 3, 5, 8)$,

$(2, 3, 6, 7)$, $(2, 4, 5, 7)$, $(3, 4, 5, 6)$ ➡ 8가지

③ 1, 2와 같은 면에 들어갈 수 구하기

1, 2와 더해서 18이 되는 나머지 두 수는 7과 8뿐이므로 1, 2와 같은 면에 있는 꼭짓점의 ○ 안에 들어갈 수 있는 두 수는 7과 8이고 다음과 같이 2가지 경우가 있습니다.

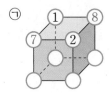 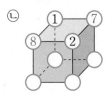

④ 조건에 맞게 나머지 수 채우기

2, 8과 더해서 18이 되는 나머지 두 수는 3, 5이므로 2, 8과 같은 면에 있는 꼭짓점의 ○ 안에 3, 5 또는 5, 3을 쓰고 조건에 맞게 나머지 ○ 안에 수를 쓰면 다음과 같습니다.

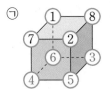 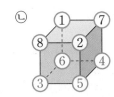

해결 전략
각 면의 꼭짓점에 있는 네 수의 합을 모두 더하면 정육면체의 꼭짓점에 있는 수는 각각 3번씩 더해집니다.

주의
합이 18인 네 수의 쌍에서 1, 2가 둘 다 있는 경우는 (1, 2, 7, 8) 1가지뿐이므로 1, 2는 이웃하여 있을 수 없습니다.

1, 2가 이웃하여 있으면 1, 2가 둘 다 있는 합이 18인 네 수의 쌍이 (1, 2, ■, ▲), (1, 2, ★, ●)와 같이 2가지이어야 합니다.

---

1 4

2

8	19	9
13	12	11
15	5	16

3 예 **4** 예

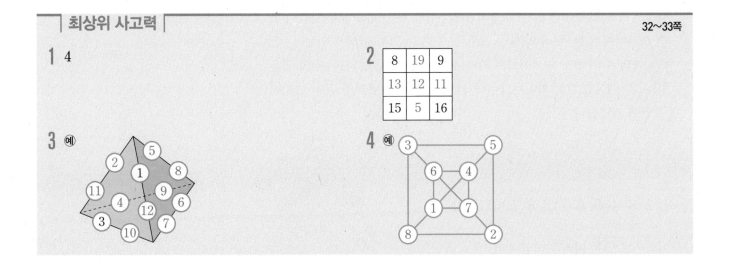

1 각 선분에 있는 ◯ 안의 네 수의 합을 ☐라 하면

$(1+2+3+\cdots+9)+(1+7+㉠)=☐\times3$, $53+㉠=☐\times3$,

㉠=4입니다.

> **보충 개념**
> (각 선분에 있는 ◯ 안의 네 수의 합)=$57\div3=19$이므로 나머지 수를 한 선분에 있는 네 수의 합이 19가 되도록 채우면 다음과 같습니다.

예

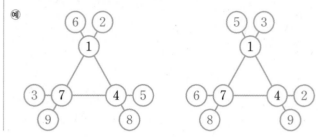

> **해결 전략**
> 각 선분에 있는 네 수의 합을 모두 더하면 1, 7, ㉠은 2번씩 더해집니다.

> **보충 개념**
> $53+㉠=☐\times3$이므로
> $(53+㉠)$은 3의 배수입니다.
> 따라서 1부터 9까지의 수 중에서
> ㉠이 될 수 있는 수는 1, 4, 7인데
> 1과 7은 이미 쓰였으므로
> ㉠=4입니다.

2 ① 세로줄, 대각선에 있는 세 수의 합은 같으므로

$8+㉠+15=9+■+15$

$23+㉠=24+■$

$㉠=■+1$

② $■+1+■+㉡=9+㉡+16$

$■+■=24$

$■=12$

③ 각 줄에 있는 세 수의 합은

$8+13+15=36$이므로

$㉡=36-(13+12)=11$

$㉢=36-(8+9)=19$

$㉣=36-(15+16)=5$

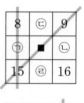

> **해결 전략**
> 한가운데 수를 ■라 하고 한 줄에 있는 세 수의 합을 ■를 이용한 식으로 나타냅니다.

3 각 면의 둘레에 있는 ◯ 안의 6개의 수의 합을 모두 더하면 모서리에 있는 수들은 2번씩 더해집니다.

한 면의 둘레에 있는 ◯ 안의 6개의 수의 합을 ☐라 하여 식을 세우면 다음과 같습니다.

$(1+2+3+\cdots+11+12)\times2=☐\times4$, $156=☐\times4$, ☐=39

따라서 각 면의 둘레에 있는 ◯ 안의 6개의 수의 합은 39로 모두 같습니다. 각 모서리에 있는 두 수의 합이 모두 같으면 각 면의 둘레에 있는 ◯ 안의 6개의 수의 합도 같아지므로 각 모서리에 있는 ◯ 안의 두 수의 합은 $39\div3=13$입니다. 따라서 1부터 12까지의 수를 아래와 같이 짝지어 ◯ 안에 써넣습니다.

> **보충 개념**
> 다음과 같이 정삼각형 4개로 둘러싸인 도형을 정삼각뿔 또는 정사면체라고 합니다.

> 정사면체(정삼각뿔)는 면이 4개, 모서리가 6개입니다.

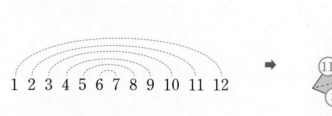

이외에도 답은 여러 가지입니다.

4 큰 정사각형의 두 대각선에 있는 ○ 안의 네 수의 합을 더하면
$1+2+3+4+5+6+7+8=36$입니다.
두 대각선에 있는 ○ 안의 네 수의 합은 서로 같으므로 한 대각선에 있는
○ 안의 네 수의 합은 $36÷2=18$입니다.
따라서 각 사각형의 꼭짓점에 있는 ○ 안의 네 수의 합도 18입니다.
1부터 8까지의 수는 아래와 같이 합이 9인 두 수로 짝지을 수 있으므로
사각형의 꼭짓점에 있는 ○ 안의 네 수의 합과 큰 정사각형의 대각선에
있는 ○ 안의 네 수의 합이 모두 18이 되도록 합이 9인 두 수의 쌍을 써
넣습니다.

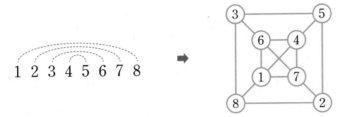

이외에도 답은 여러 가지입니다.

해결 전략
두 사각형의 꼭짓점에 있는 ○ 안의 네 수의
합이 큰 정사각형의 두 대각선의 ○ 안에 있
는 네 수의 합과 같음을 이용하여 구합니다.

보충 개념
$㉠+㉡+㉢+㉣+㉤+㉥+㉦+㉧$
$=36$
$㉠+㉤+㉦+㉢=㉣+㉥+㉥+㉡$
이므로 (한 대각선의 ○ 안에 있는 네 수의 합)
$=36÷2=18$

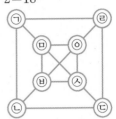

Review 수
34~36쪽

1

2 예

3 $㉠=4, ㉡=3, ㉢=5$

4

5 15

6 예

---

1 ① 한가운데 부분을 손가락으로 가리면 양 끝의 두 수의 합이 $14+6=20$
이므로 $㉠+5=20$, $㉠=15$, $9+㉡=20$, $㉡=11$입니다.

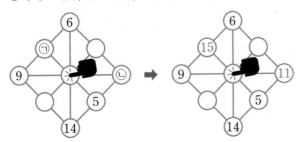

해결 전략
한가운데 부분을 손가락으로 가린 후 ㉠, ㉡
에 알맞은 수를 먼저 구합니다.

② 한 줄에 있는 ○ 안의 세 수의 합이 6＋15＋9＝30이 되도록 ○ 안에 나머지 수를 넣습니다.

9＋ⓒ＋14＝30, ⓒ＝7, 15＋ⓔ＋5＝30, ⓔ＝10,
6＋ⓜ＋11＝30, ⓜ＝13입니다.

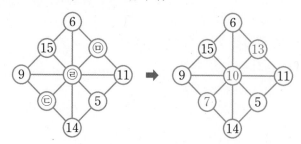

2 각 선분에 있는 ○ 안의 세 수의 합이 모두 11이므로 세로줄에서 (㉠＋㉡＋㉢)＋(㉤＋㉥＋㉦)＝11＋11＝22입니다. ㉠＋㉡＋㉢＋㉣＋㉤＋㉥＋㉦＝1＋2＋3＋4＋5＋6＋7＝28이므로 ㉣＝28－22＝6입니다. 한 줄에 있는 세 수의 합이 11이 되도록 ○ 안에 나머지 수를 써넣습니다.

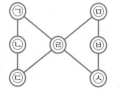

해결 전략
(㉠＋㉡＋㉢)＝11, ㉤＋㉥＋㉦＝11과 1부터 7까지의 합을 이용하여 한가운데 있는 ㉣에 알맞은 수를 먼저 구합니다.

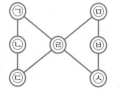

보충 개념
대각선에서 ㉠＋㉦＝㉢＋㉤＝11－6＝5
합이 5인 두 수의 쌍은 (1, 4), (2, 3)이므로 1과 4, 2와 3을 (㉠, ㉦)과 (㉢, ㉤)에 순서에 관계없이 넣을 수 있습니다.

3

			3	4
㉠	㉡	5		2
2	㉢			
1	4			

			3	4
4	㉡	5		2
2	㉢			
1	4			

			3	4
4	3	5		2
3				
2	㉢			
1	4			

4가 있는 줄에는 더 이상 4를 쓸 수 없으므로 빨간 선으로 둘러싸인 5칸에서 4를 쓸 수 있는 칸은 ㉠뿐입니다.

➡ ㉠＝4

3이 있는 줄에는 더 이상 3을 쓸 수 없으므로 빨간 선으로 둘러싸인 5칸에서 3을 쓸 수 있는 칸은 ㉡뿐입니다.

➡ ㉡＝3

3이 있는 줄에는 더 이상 3을 쓸 수 없으므로 빨간 선으로 둘러싸인 5칸에서 ㉢에는 3을 쓸 수 없습니다. 따라서 ㉢에 쓸 수 있는 수는 5입니다.

➡ ㉢＝5

보충 개념
규칙에 맞게 빈칸에 알맞은 수를 써넣으면 다음과 같습니다.

5	2	1	3	4
4	3	5	1	2
3	1	4	2	5
2	5	3	4	1
1	4	2	5	3

4 4와 6이 쓰여 있으므로 (㉠, ㉡)이 될 수 있는 두 수의 쌍은 (1, 5), (5, 1), (3, 7), (7, 3), (5, 9), (9, 5)입니다.

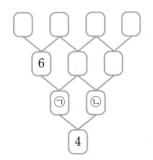

해결 전략
㉠, ㉡이 될 수 있는 수의 쌍을 찾아봅니다.

- (㉠, ㉡)=(1, 5)인 경우

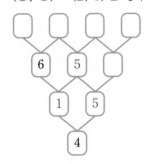

5가 중복됩니다.

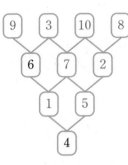

(○)

- (㉠, ㉡)=(5, 1)인 경우

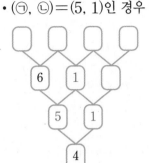

1이 중복됩니다.

- (㉠, ㉡)=(3, 7)인 경우

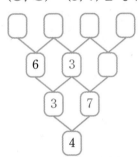

3이 중복됩니다.

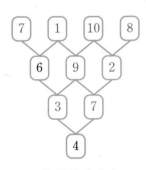

7이 중복됩니다.

- (㉠, ㉡)=(7, 3)인 경우

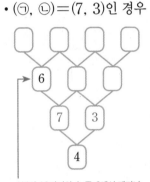

1부터 10까지의 수 중 6에서 빼거나 6을 빼서 7이 되는 수는 없습니다.
(불가능)

- (㉠, ㉡)=(5, 9)인 경우

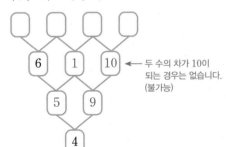

← 두 수의 차가 10이 되는 경우는 없습니다. (불가능)

- (㉠, ㉡)=(9, 5)인 경우

1부터 10까지의 수 중 → 6에서 빼거나 6을 빼서 9가 되는 수는 없습니다. (불가능)

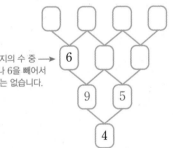

5 각 변에 있는 ○ 안의 세 수의 합을 □라 하면
(1+2+3+…+8)+(꼭짓점에 있는 네 수의 합)=□×4,
36+(꼭짓점에 있는 네 수의 합)=□×4이므로 꼭짓점에 있는 네 수의 합은 4의 배수입니다.
□의 값이 가장 크려면 2번씩 더해지는 꼭짓점에 있는 ○ 안의 네 수의 합이 될 수 있는 대로 커야 합니다. ○ 안의 네 수의 합이 가장 큰 4의 배수가 되는 경우는 네 수가 3, 6, 7, 8일 때 3+6+7+8=24입니다.

해결 전략
정사각형의 각 변에 있는 ○ 안의 세 수의 합을 모두 더하면 꼭짓점에 있는 ○ 안의 네 수는 2번씩 더해집니다.

따라서 36＋26, □×4, □×4＝60, □＝15입니다.

보충 개념

세 수의 합이 15인 세 수의 쌍은 (1, 6, 8), (2, 5, 8), (3, 4, 8), (2, 6, 7), (3, 5, 7), (4, 5, 6)입니다.

1은 한 번만 사용되므로, 꼭짓점에 있는 수가 아닙니다.

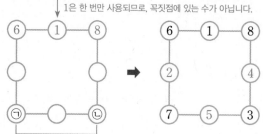

꼭짓점에 있는 네 수의 합이 24이므로 ㉠＋㉡＝10입니다.
㉠이 2인 경우, ㉡은 8이므로 중복됩니다.
㉠이 7인 경우, ㉡은 3입니다.
㉠이 4인 경우, ㉡은 6이므로 중복됩니다.
㉠이 5인 경우, ㉡은 5이므로 중복됩니다.

6 1＋2＋3＋…＋15＋16＝136이고
큰 원과 작은 원의 둘레에 있는 □ 안의 8개의 수의 합이 같아야 하므로
(한 원의 둘레에 있는 □ 안의 8개의 수의 합)＝136÷2＝68입니다.
큰 원의 지름에 있는 □ 안의 4개의 수의 합도 모두 같아야 하므로
(큰 원의 지름에 있는 □ 안의 4개의 수의 합)＝136÷4＝34입니다.
1부터 16까지의 수는 다음과 같이 합이 17이 되도록 두 수씩 짝을 지을
수 있습니다.

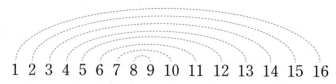

1　2　3　4　5　6　7　8　9　10　11　12　13　14　15　16

따라서 원주에 있는 □ 안의 8개의 수의 합이 68, 큰 원의 지름에 있는
□ 안의 4개의 수의 합이 34가 되도록 짝지은 수를 넣습니다.

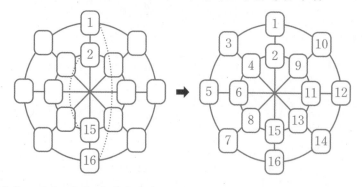

이외에도 답은 여러 가지입니다.

해결 전략

먼저 원의 둘레에 있는 □ 안의 8개의 수의
합과 큰 원의 지름에 있는 □ 안의 4개의 수
의 합을 각각 구해 봅니다.

II 도형(1)

이번 단원에서는 교과서에서 학습한 합동과 선대칭도형, 점대칭도형의 개념을 응용·확장한 문제들을 학습합니다.

4 도형의 합동에서는 도형을 합동인 여러 개의 도형으로 나누어 보고, 삼각형의 합동 조건을 이용하여 도형의 넓이, 각의 크기 등을 구해 봅니다.

5 선대칭도형, 점대칭도형에서는 거울을 소재로 선대칭도형의 기본 개념을 확인해 보고, 도형을 180° 돌리는 활동을 통해 점대칭도형의 기본 개념을 확인해 봅니다.

6 대칭인 도형의 활용에서는 선대칭도형을 이용하여 최단 거리를 구해 보고, 점대칭도형을 이용하여 합동인 도형으로 나누어 보고, 디지털 숫자를 통해 선대칭도형과 점대칭도형을 알아봅니다.

최상위 사고력 **4** 도형의 합동

4-1. 합동인 도형으로 나누기 38~39쪽

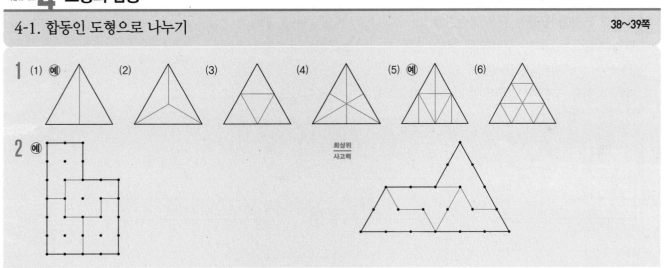

저자 톡! 이 단원에서는 주어진 도형을 여러 개의 합동인 도형으로 나누어 봅니다. 먼저 도형을 정삼각형, 정사각형, 직사각형 등 익숙한 도형으로 나눈 다음 조건에 맞는 도형을 만들면 어렵지 않게 문제를 해결할 수 있습니다.

1 • 합동인 삼각형 2개, 6개, 3개 만들기
꼭짓점에서 선을 그어 만들 수 있습니다.

2개	6개	3개
한 꼭짓점에서 선을 긋습니다.	세 꼭짓점에서 선을 긋습니다.	그은 세 선의 일부분을 지웁니다.

• 합동인 삼각형 4개, 8개, 9개 만들기
  합동인 작은 정삼각형으로 만들 수 있습니다.

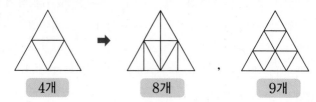

2 주어진 도형을 합동인 작은 정사각형 20개로 나눌 수 있습니다. 합동인
   도형 4개로 나누는 것이므로 나눈 도형 하나에는 작은 정사각형이
   20÷4=5(개) 포함됩니다.
   따라서 처음 도형과 모양이 같고 작은 정사각형 5개가 포함되도록 나누
   면 다음과 같습니다.

해결 전략
도형을 합동인 작은 정사각형 여러 개로 나
누어 봅니다.

다른 답

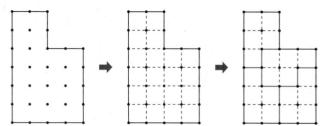

최상위 사고력 주어진 도형을 합동인 작은 정삼각형 24개로 나눌 수 있습니다. 합동인
   도형 4개로 나누는 것이므로 나눈 도형 하나에는 작은 정삼각형이
   24÷4= 6(개) 포함됩니다.
   따라서 처음 도형과 모양이 같고 작은 정삼각형 6개가 포함되도록 나누
   면 다음과 같습니다.

해결 전략
도형을 합동인 작은 정삼각형 여러 개로 나
누어 봅니다.

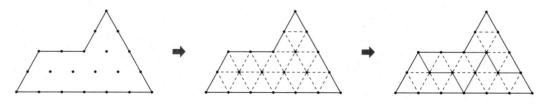

4-2. 삼각형의 합동

40~41쪽

1 ②, ③, ⑤   **최상위 사고력 A** ②, ④   **최상위 사고력 B** 3쌍

저자 톡! 이 단원에서는 삼각형의 합동에 대해 학습합니다. 삼각형을 구성하는 변의 길이와 각의 크기가 어떻게 주어질 때 합동이 되는지 알
아보며 합동을 이용한 문제를 해결해 봅니다.

1 삼각형을 그려 문제에서 주어진 삼각형과 합동인지 아닌지 확인합니다.

① 두 변의 길이가 각각 3.5 cm, 4.5 cm인 삼각형

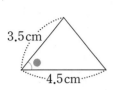 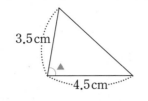

➡ 두 변의 길이가 같아도, 그 끼인각이 다르면 합동이 아닙니다.

② 두 변의 길이가 각각 3.5 cm, 4.5 cm이고, 그 끼인각의 크기가 30°인 삼각형 ➡ 합동입니다.

③ 세 변의 길이가 각각 3.5 cm, 4.5 cm, 2.3 cm인 삼각형

   ➡ 합동입니다.

④ 세 각의 크기가 각각 30°, 50°, 100°인 삼각형

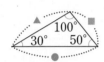 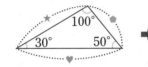

➡ 세 각의 크기가 같아도 세 변의 길이는 다를 수 있으므로 합동이 아닙니다.

⑤ 한 변의 길이가 4.5 cm이고 양 끝 각의 크기가 30°, 50°인 삼각형

   ➡ 합동입니다.

> **참고**
> 중학교에서는 삼각형의 합동 조건을 나타낼 때 간단히 Side(변), Angle(각)의 첫 글자를 사용하여 나타냅니다.
> ① SSS 합동: 대응하는 세 변의 길이가 각각 같은 경우
> ② SAS 합동: 대응하는 두 변의 길이가 각각 같고, 그 끼인각의 크기가 같은 경우
> ③ ASA 합동: 대응하는 한 변의 길이가 같고, 양 끝 각의 크기가 각각 같은 경우

최상위 사고력 A 다음과 같이 그림을 그려 합동 조건을 만족하는지 확인합니다.

> **해결 전략**
> 대응하는 두 변의 길이가 각각 같으므로 나머지 한 변의 길이가 같거나, 그 끼인각의 크기가 같으면 서로 합동입니다.

① (각 ㄱㄴㄷ)=(각 ㅂㄹㅁ)

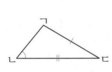 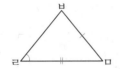

➡ 각 ㄱㄴㄷ과 각 ㅂㄹㅁ은 대응하는 두 변 사이에 끼인각이 아니므로 합동이 되는 조건이 아닙니다.

② (각 ㄱㄷㄴ)=(각 ㅂㅁㄹ)

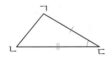 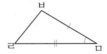

➡ 각 ㄱㄷㄴ과 각 ㅂㅁㄹ은 대응하는 두 변 사이에 끼인각이므로 합동이 되는 조건입니다.

③ (각 ㄴㄱㄷ)=(각 ㄹㅂㅁ)

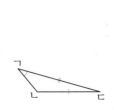 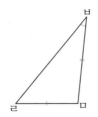

➡ 각 ㄴㄱㄷ과 각 ㄹㅂㅁ은 대응하는 두 변 사이에 끼인각이 아니므로 합동이 되는 조건이 아닙니다.

④ (변 ㄱㄴ)=(변 ㅂㄹ)

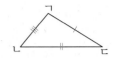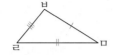

➡ 대응하는 세 변의 길이가 각각 같으므로 합동이 되는 조건입니다.

최상위
사고력
B
· 삼각형 ㄱㄴㄷ과 삼각형 ㄹㄷㄴ에서 변 ㄴㄷ은 공통이고,
(변 ㄱㄴ)=(변 ㄹㄷ), (변 ㄱㄷ)=(변 ㄹㄴ)입니다.
따라서 삼각형 ㄱㄴㄷ과 삼각형 ㄹㄷㄴ은 대응하는 세 변의 길이가
각각 같으므로 서로 합동입니다.

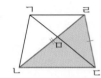 ➡ (각 ㄴㄱㄷ)=(각 ㄷㄹㄴ)

· 삼각형 ㄱㄴㄹ과 삼각형 ㄹㄷㄱ에서 변 ㄱㄹ은 공통이고,
(변 ㄱㄴ)=(변 ㄹㄷ), (변 ㄴㄹ)=(변 ㄷㄱ)입니다.
따라서 삼각형 ㄱㄴㄹ과 삼각형 ㄹㄷㄱ은 대응하는 세 변의 길이가
각각 같으므로 서로 합동입니다.

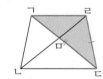 ➡ (각 ㄱㄴㄹ)=(각 ㄹㄷㄱ)

· 사다리꼴 ㄱㄴㄷㄹ은 <u>등변사다리꼴</u>이므로
삼각형 ㄱㄴㅁ과 삼각형 ㄹㄷㅁ에서 (변 ㄱㄴ)=(변 ㄹㄷ),
(각 ㄴㄱㅁ)=(각 ㄷㄹㅁ), (각 ㄱㄴㅁ)=(각 ㄹㄷㅁ)입니다.
따라서 삼각형 ㄱㄴㅁ과 삼각형 ㄹㄷㅁ은 대응하는 한 변의 길이가
같고, 양 끝 각의 크기가 각각 같으므로 서로 합동입니다.

보충 개념
· 등변사다리꼴: 사다리꼴 중에서 서로 평
행이 아닌 두 변의 길이가 같은 도형

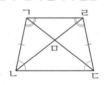

(각 ㄱㄴㄷ)=(각 ㄹㄷㄴ),
(각 ㄴㄱㄹ)=(각 ㄷㄹㄱ)

따라서 사다리꼴 ㄱㄴㄷㄹ에서 찾을 수 있는 서로 합동인 삼각형은 3쌍
입니다.

1 18 cm²

2 25 cm²

최상위
사고력 예
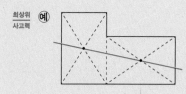

저자 톡! 이 단원에서는 삼각형의 합동에서 학습한 내용을 토대로 문제를 해결해 봅니다. 문제에 숨겨진 합동인 도형을 찾을 때 어떤 조건에 의한 합동인지 찾는 것이 중요합니다. 합동인 도형을 찾은 다음에는 합동의 성질을 이용하여 넓이뿐만 아니라 각의 크기도 쉽게 구할 수 있습니다.

1 삼각형 ㅅㄴㄷ과 삼각형 ㅁㄹㄷ에서 (변 ㄴㄷ)=(변 ㄹㄷ), (변 ㅅㄷ)=(변 ㅁㄷ)입니다.
(각 ㄴㄷㅅ)=90°-(각 ㅅㄷㄹ), (각 ㄹㄷㅁ)=90°-(각 ㅅㄷㄹ)
이므로 (각 ㄴㄷㅅ)=(각 ㄹㄷㅁ)입니다.
삼각형 ㅅㄴㄷ과 삼각형 ㄹㄷㅁ은 두 변의 길이와 그 끼인각의 크기가 같으므로 서로 합동입니다.

해결 전략
색칠한 삼각형과 합동인 삼각형을 찾아봅니다.

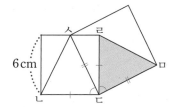

보충 개념

점 ㅅ에서 변 ㄴㄷ에 수직이 되도록 선을 그으면 합동인 2쌍의 삼각형으로 나누어집니다.
(삼각형 ㅅㄴㄷ의 넓이)
=(직사각형 ㄱㄴㄷㄹ의 넓이의 절반)

따라서 색칠한 삼각형 ㄹㄷㅁ의 넓이는 삼각형 ㅅㄴㄷ의 넓이와 같으므로 6×6÷2=18(cm²)입니다.

2 삼각형 ㅇㄴㅁ과 삼각형 ㅇㄷㅂ에서 변 ㅇㄴ과 변 ㅇㄷ의 길이는 같고, (각 ㅇㄴㅁ)=(각 ㅇㄷㅂ)=45°입니다.
또한 (각 ㄴㅇㅁ)=(각 ㄴㅇㄷ)-(각 ㅁㅇㄷ),
→90°
(각 ㄷㅇㅂ)=(각 ㅁㅇㅂ)-(각 ㅁㅇㄷ)이므로
→90°
(각 ㄴㅇㅁ)=(각 ㄷㅇㅂ)입니다.
따라서 삼각형 ㅇㄴㅁ과 삼각형 ㅇㄷㅂ은 한 변의 길이와 양 끝 각의 크기가 각각 같으므로 서로 합동입니다.

보충 개념
정사각형의 성질

두 대각선의 길이가 같고, 서로 수직으로 만납니다.

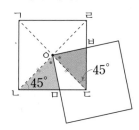

따라서 두 색종이가 겹쳐진 부분의 넓이는 10×10÷4=25(cm²)입니다.

정사각형의 한 꼭짓점을 합동인 정사각형의 두 대각선이 만나는 점 ㅇ에 고정시킨 후 이동
할 때, 두 정사각형이 겹쳐진 부분의 넓이는 변하지 않습니다.

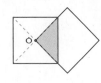

**최상위
사고력**

① 도형을 직사각형 두 개로 나누어 각각 대각선을 긋고, 두 대각선이 만
   나는 점을 찾습니다.
② 두 대각선이 만나는 점을 동시에 지나도록 직선을 그으면 직사각형은
   넓이가 같은 두 도형으로 나누어지므로 나누어진 2개의 도형의 넓이
   는 같게 됩니다.

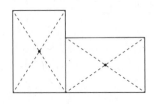 ➡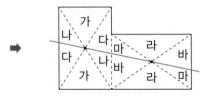

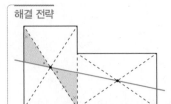

한 변의 길이와 양 끝 각의 크기가 각각 같
으므로 색칠한 두 삼각형은 서로 합동입
니다.

다른 정답
다음과 같이 나누어도 됩니다.

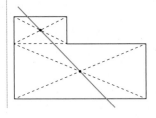   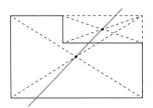

최상위 사고력

44~45쪽

1 ㉠과 ㉤, ㉡과 ㉥, ㉢과 ㉣

3 65°

4 120°

2

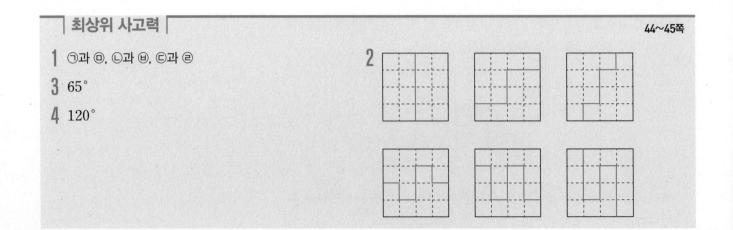

1 삼각형에서 두 각의 크기를 알면 나머지 각의 크기도 알 수 있습니다.

해결 전략
삼각형의 합동 조건에 맞는 두 삼각형을 찾아봅니다.

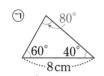 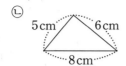 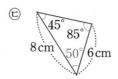

  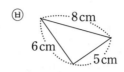

- ㉠과 ㉺은 대응하는 한 변의 길이가 같고 그 양 끝 각의 크기가 각각 같으므로 합동입니다.
- ㉡과 ㉃은 대응하는 세 변의 길이가 각각 같으므로 합동입니다.
- ㉢과 ㉣은 대응하는 두 변의 길이가 각각 같고 그 끼인각의 크기가 같으므로 합동입니다.

2 정사각형에 대각선을 긋고, 두 대각선이 만나는 점을 찾습니다.

해결 전략
모눈판은 16개의 정사각형으로 이루어져 있습니다. 모눈판을 합동인 도형 2개가 되도록 나누려면 한 도형에 8개의 정사각형이 포함되어야 합니다.

두 대각선이 만나는 점을 지나면서 한 도형에 8개의 정사각형이 포함되도록 점선을 따라 선을 그어 합동인 도형으로 나눕니다.

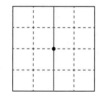 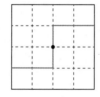 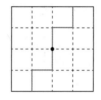

3

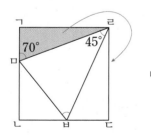 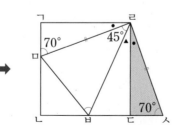

삼각형 ㄱㅁㄹ을 다음과 같이 옮기면 삼각형 ㄹㅁㅂ과 삼각형 ㄹㅅㅂ에서
●＋▲＝90°－45°＝45°이므로 (각 ㅁㄹㅂ)＝(각 ㅂㄹㅅ),
변 ㄹㅂ은 공통된 변이고, (변 ㄹㅁ)＝(변 ㄹㅅ)입니다.

➡ 두 변의 길이가 각각 같고 그 끼인각의 크기가 같으므로
삼각형 ㄹㅁㅂ과 삼각형 ㄹㅅㅂ은 서로 합동입니다.
따라서 (각 ㄹㅁㅂ)=(각 ㄹㅅㅂ)=70°이므로
삼각형 ㄹㅁㅂ에서 (각 ㅁㅂㄹ)=180°-70°-45°=65°입니다.

4 삼각형 ㄴㄷㅁ과 삼각형 ㄱㄷㄹ에서
(변 ㄴㄷ)=(변 ㄱㄷ), (변 ㄷㅁ)=(변 ㄷㄹ)
　└→정삼각형 ㄱㄴㄷ의 두 변　└→정삼각형 ㅁㄷㄹ의 두 변
(각 ㄴㄷㅁ)=180°-(각 ㅁㄷㄹ),
　　　　　　　　　　　└→60°
(각 ㄱㄷㄹ)=180°-(각 ㄱㄷㄴ)
　　　　　　　　　　　└→60°
따라서 (각 ㄴㄷㅁ)=(각 ㄱㄷㄹ)=120°입니다.
따라서 삼각형 ㄱㄷㄹ과 삼각형 ㄴㄷㅁ은 합동입니다.

해결 전략
서로 합동인 삼각형의 대응각의 크기가 같음을 이용합니다.

보충 개념
대응하는 두 변의 길이와 그 끼인각의 크기가 같으므로 합동입니다.

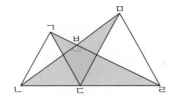

삼각형 ㄴㄷㅁ과 삼각형 ㄱㄷㄹ은 합동이고,
(각 ㄴㄷㅁ)=(각 ㄱㄷㄹ)=120°이므로 ●+▲=60°입니다.

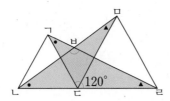

따라서 삼각형 ㅂㄴㄷ에서 ●+▲=60°이므로 각 ㄴㅂㄷ의 크기는
180°-60°=120°입니다.

최상위 사고력 **5** 선대칭도형, 점대칭도형

5-1. 거울에 비친 도형 　　　　　　　　　　　　　　　　　　　　46~47쪽

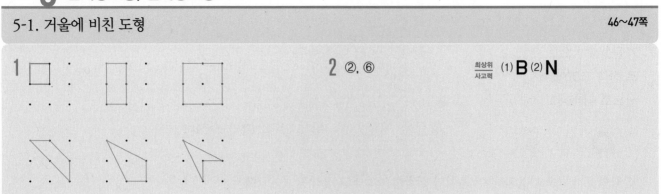

1　　　　　　　　　　　　　　　　　**2** ②, ⑥　　　　최상위 (1) **B** (2) **N**
　　　　　　　　　　　　　　　　　　　　　　　　　　사고력

저자 톡! 이 단원에서는 거울을 이용하여 선대칭도형을 알아봅니다. 거울이 놓인 위치가 선대칭도형의 대칭축과 같음을 이해하고 거울을 다양한 위치에 놓아 선대칭도형을 만들어 봅니다.

1 사각형 중에서 선대칭도형은 직사각형, 등변사다리꼴, 이웃한 두 변의 길이가 각각 같은 사각형뿐입니다. 대칭축을 생각하며 선대칭도형을 그려보면 다음과 같습니다.

보충 개념
선대칭도형은 한 직선(대칭축)을 따라 접어서 완전히 겹치는 도형을 말합니다.

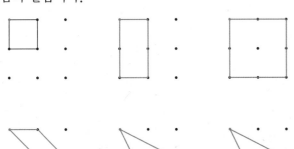

2 |보기|의 그림 위에 거울을 수직으로 세우면 그림이 거울 속에 비치므로 선대칭도형을 볼 수 있습니다.
②와 ⑥은 선대칭도형이 아니므로 만들 수 없습니다. ①, ③, ④, ⑤의 대칭축은 다음과 같습니다.

해결 전략
거울을 세워 놓은 위치가 선대칭도형의 대칭축과 같습니다.

①   ③   ④   ⑤

대칭축을 기준으로 한쪽의 모양을 |보기|의 그림에서 찾아 거울이 놓인 위치를 선으로 바라본 방향을 화살표로 나타내면 다음과 같습니다.

①   ③   ④   ⑤

최상위 사고력 거울을 수직으로 세워 놓고 본 모양에서 대칭축을 찾고, 대칭축을 기준으로 한쪽 모양이 어느 알파벳의 모양인지 찾아봅니다. 거울이 놓인 위치는 선으로 나타내고, 바라본 방향을 화살표로 나타내면 다음과 같습니다.

해결 전략
(1) 모양은 둥근 부분이 있습니다. 둥근 부분이 있는 알파벳 **B**, **D**, **P**에서 거울을 수직으로 세워 봅니다.

(1)

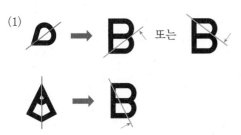

(2)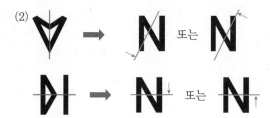

보충 개념

선대칭도형과 점대칭도형을 어려워 할 경우 4학년 1학기에 학습한 '도형의 이동'을 복습하
도록 합니다. 선대칭도형은 도형 뒤집기와 연결되고, 점대칭도형은 도형 돌리기와 연결됩
니다.

5-2. 180° 돌린 도형

48~49쪽

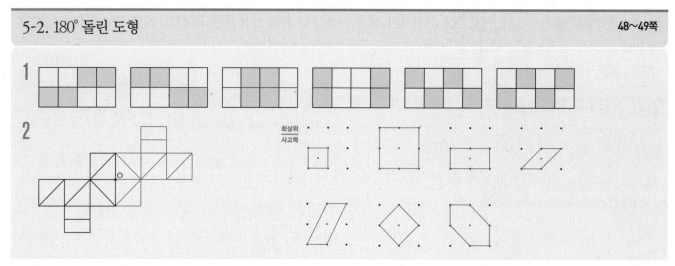

저자 톡! 이 단원에서는 어떤 점을 중심으로 180° 돌렸을 때 처음 모양과 완전히 겹치는 도형인 점대칭도형을 그리는 방법에 대해 알아봅니
다. 대칭의 중심을 그리지 않고 점대칭도형을 쉽게 그리는 방법도 알아봅니다.

1 직사각형의 중심을 대칭의 중심으로 하여 반을 나눈 다음 한 쪽에 2칸을 색칠합니다.

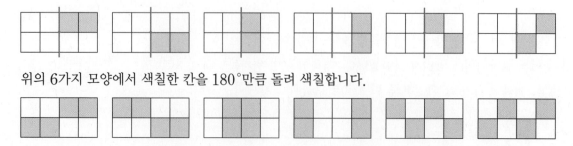

위의 6가지 모양에서 색칠한 칸을 180°만큼 돌려 색칠합니다.

2 오른쪽으로 한 번 뒤집고, 뒤집은 도형을 아래쪽으로 한 번 뒤집은 도형
을 대칭의 중심이 만나도록 붙여 그립니다.

해결 전략

오른쪽으로 한 번, 아래쪽으로 한 번 뒤집으
면 180° 돌리는 것과 같습니다.

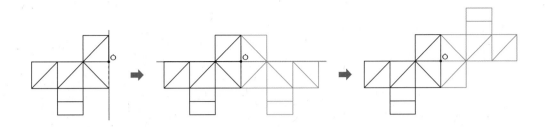

점판에 다각형 중 점대칭도형을 그리면 다음과 같습니다.

해결 전략
삼각형은 점대칭도형이 아니므로 사각형부
터 그려 봅니다.

5-3. 선대칭도형과 점대칭도형

1 9가지	최상위 사고력 A 7가지	최상위 사고력 B 7가지

저자 톡! 점판이나 격자 속에서 선대칭도형과 점대칭도형을 찾아봅니다. 선대칭도형은 대칭축을 찾아 해결하고, 점대칭도형은 대칭의 중심을 찾아 해결합니다.

1 ① 대칭축이 세로선인 경우

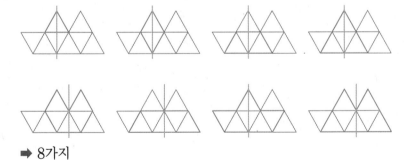

해결 전략
정삼각형의 개수가 1개인 경우부터 차례로
찾아봅니다.

➡ 8가지

② 대칭축이 가로선인 경우는 ①에서 두 번째 모양뿐입니다.

③ 대칭축이 세로선도 가로선도 아닌 경우

 ➡ 1가지

따라서 주어진 모양에서 선을 따라 그릴 수 있는 선대칭도형은 모두 9가지입니다.

최상위
사고력
A

넓이가 1 cm^2인 도형은 다음과 같습니다.

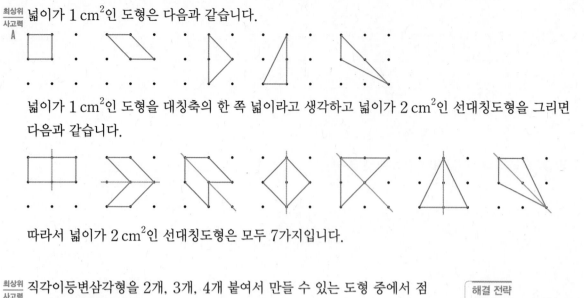

넓이가 1 cm^2인 도형을 대칭축의 한 쪽 넓이라고 생각하고 넓이가 2 cm^2인 선대칭도형을 그리면 다음과 같습니다.

따라서 넓이가 2 cm^2인 선대칭도형은 모두 7가지입니다.

최상위
사고력
B

직각이등변삼각형을 2개, 3개, 4개 붙여서 만들 수 있는 도형 중에서 점대칭도형을 찾습니다.

> **해결 전략**
> 먼저 직각이등변삼각형을 2개, 3개, 4개 붙여서 만들 수 있는 도형을 모두 찾습니다.

> **주의**
> 직각이등변삼각형을 붙일 때는 변의 길이가 같은 부분끼리 맞닿도록 붙입니다.

① 직각이등변삼각형 2개를 붙이는 경우

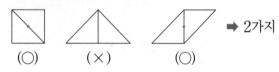

    (○)   (×)   (○) ➡ 2가지

② 직각이등변삼각형 3개를 붙이는 경우

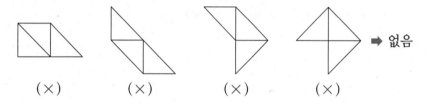

  (×)   (×)   (×)   (×) ➡ 없음

③ 직각이등변삼각형 4개를 붙이는 경우

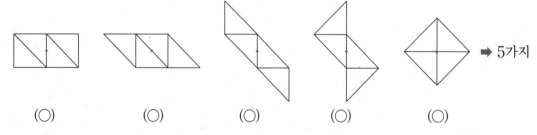

  (○)   (○)   (○)   (○)   (○) ➡ 5가지

따라서 만들 수 있는 점대칭도형은 모두 7가지입니다.

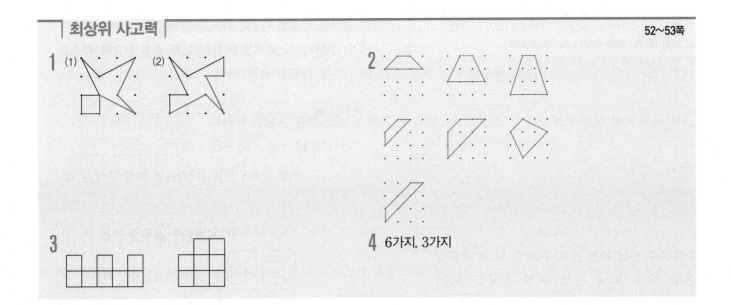

1 선대칭도형에서 대칭축을 찾고 점대칭도형에서 대칭의 중심을 찾은 다
음, 주어진 도형의 대응점을 각각 찾아 선분으로 연결합니다.

(1)

① 대칭축을 그어 봅니다.　② 대응점을 찍습니다.　③ 선대칭도형이 되도록
　　　　　　　　　　　　　　　　　　　　　　　선분으로 이어 봅니다.

(2)

① 대칭의 중심을 찍습니다.　② 대응점을 찍습니다.　③ 점대칭도형이 되도록
　　　　　　　　　　　　　　　　　　　　　　　　선분으로 이어 봅니다.

보충 개념
대응점끼리 이은 선분이 만나는 점이 대칭의 중심입니다.

점대칭도형에서 대칭의 중심은 1개뿐입니다.

2 사다리꼴은 평행한 면이 적어도 한 쌍 있는 사각형입니다. 평행사변형이 아닌 사다리꼴이 선대칭도형이 되려면
평행하지 않은 나머지 두 변의 길이가 같아야 합니다. 점판 위에 그릴 수 있는 평행사변형이 아닌 사다리꼴 중 선
대칭도형은 다음과 같이 7가지가 있습니다.
└➤ 등변사다리꼴

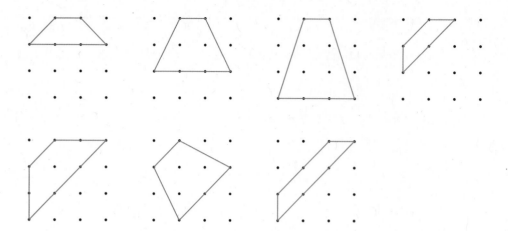

3 나 조각을 고정시킨 후 가 조각을 돌려가며 여러 가지 방법으로 이어 붙여 봅니다. 이때 대칭축의 위치를 여러 방향으로 생각해 보며 찾습니다.

① 대칭축이 가로선인 경우   ② 대칭축이 세로선인 경우   ③ 대칭축이 가로선도 세로선도 아닌 경우

➡ 없습니다.   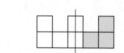

따라서 가와 나를 붙여 만들 수 있는 선대칭도형은 모두 2가지입니다.

4 정사각형 5개를 이어 붙여 만들 수 있는 모양을 모두 찾으면 다음과 같습니다.

> **해결 전략**
> 먼저 정사각형 5개를 붙여 만들 수 있는 모양 12개를 모두 찾습니다.

① 5개를 나란히 이어 붙인 경우

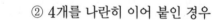

선대칭도형, 점대칭도형

② 4개를 나란히 이어 붙인 경우

③ 3개를 나란히 이어 붙인 경우

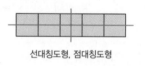

선대칭도형   선대칭도형

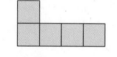

선대칭도형   점대칭도형   선대칭도형, 점대칭도형

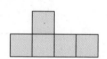

④ 2개를 나란히 이어 붙인 경우

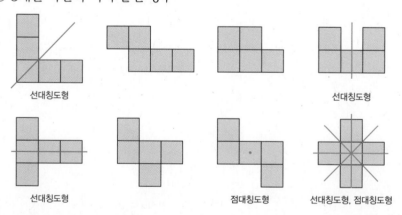

선대칭도형

따라서 만들 수 있는 선대칭도형은 6가지, 점대칭도형은 3가지입니다.

보충 개념

정사각형 5개를 붙여 만든 도형을 '펜토미노'라고 합니다.
펜토미노는 5를 나타내는 그리스어 '펜트(pente)'와 덩어리를 뜻하는 '미노(mino)'를 붙여
만든 단어로, 펜토미노의 종류는 모두 12가지입니다.

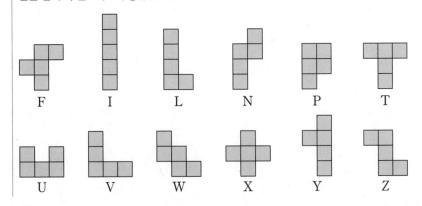

F   I   L   N   P   T
U   V   W   X   Y   Z

최상위 사고력 6 대칭인 도형의 활용

6-1. 최단 거리 구하기
54~55쪽

1 파란색 선

2 ③

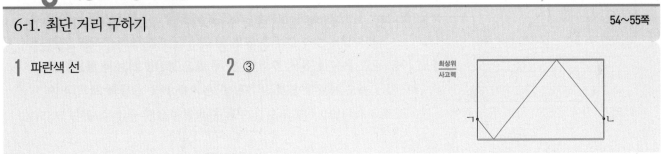

저자 톡! 이 단원에서는 앞에서 학습한 선대칭도형의 원리를 이용하여 최단 거리를 구해 봅니다. 최단 거리를 구하려면 대칭축을 기준으로
한 점의 대칭점을 찍은 다음 선분으로 이으면 됩니다. 두 점을 잇는 가장 짧은 선이 선분임을 이용하여 문제를 풀어 봅니다.

1 직선 가를 대칭축으로 했을 때 점 ㄹ의 대응점을 점 ㄹ′이라고 합니다.

해결 전략

직선 가를 대칭축으로 했을 때 점 ㄹ의 대응
점을 알아봅니다.

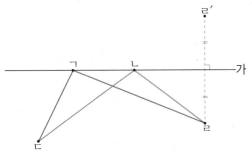

점 ㄴ과 점 ㄹ′, 점 ㄱ과 점 ㄹ′을 잇는 선분을 각각 긋습니다.

보충 개념

(선분 ㄴㄹ)=(선분 ㄴㄹ′)이므로
(선분 ㄷㄴ)+(선분 ㄴㄹ)
=(선분 ㄷㄴ)+(선분 ㄴㄹ′)입니다.

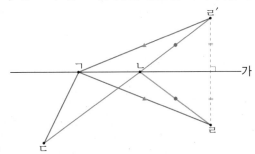

점 ㄷ과 점 ㄹ′을 연결하는 가장 짧은 선은 선분이므로 파란색 선의 길이
가 더 짧습니다.

55 정답과 풀이

2 길을 대칭축으로 했을 때 학교의 대응점을 찍습니다.

보충 개념
집과 학교의 대응점을 연결하는 가장 짧은
선은 선분입니다.

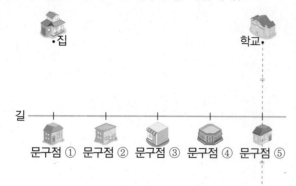

학교의 대응점과 집을 잇는 선분을 긋습니다.

해결 전략
학교의 대응점과 집을 잇는 선분이 어떤 문
구점을 지나는지 알아봅니다.

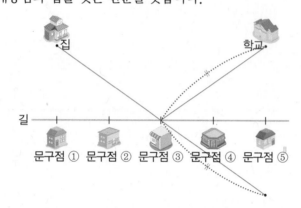

따라서 집에서 출발하여 문구점에 들렀다가 학교까지 최단 거리로 가려면 ③번 문구점에 들러야 합니다.

^{최상위}
^{사고력} ① 풀밭을 대칭축으로 하여 점 ㄱ의 대응점
ㄱ′을 찍습니다.

② 강을 대칭축으로 하여 점 ㄴ의 대응점
ㄴ′을 찍습니다.

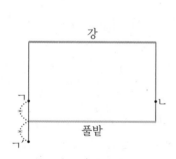

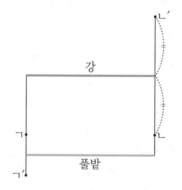

③ 점 ㄱ′과 점 ㄴ′을 잇는 선분을 그었을
때 풀밭과 강에서 만나는 점을 각각
점 ㄷ, 점 ㄹ이라고 합니다.

④ 점 ㄱ, 점 ㄷ, 점 ㄹ, 점 ㄴ을 차례로
연결한 선이 최단 거리입니다.

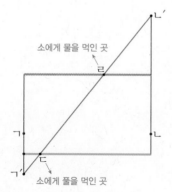

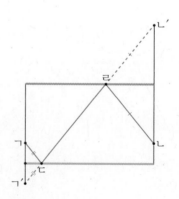

1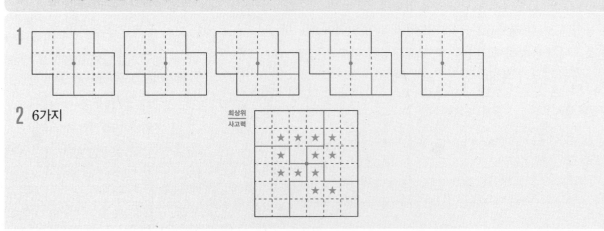

2 6가지

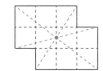

저자 톡! 이 단원에서는 주어진 도형을 합동인 도형 여러 개로 나누어 봅니다. 이때 앞에서 학습한 점대칭도형의 원리를 이용하여 주어진 도형의 대칭의 중심을 찾고, 대칭의 중심을 지나는 선을 그어 나눕니다. 3학년 때 분수를 배우면서 주어진 모양을 똑같이 나누어 본 적이 있을 것입니다. 그때는 전체와 부분 알기에 초점을 두고 학습했다면 이번에는 과정에 초점을 두고 다양한 방법으로 도형을 나누어 봅니다. 무작위로 도형을 나누는 것이 아니라 대칭의 중심을 기준으로 하여 대칭이 되도록 선을 그어 문제를 해결하도록 합니다.

1 점대칭도형을 나누는 선이 점대칭도형의 대칭의 중심을 지나면 합동인 도형 2개로 나눌 수 있습니다.

해결 전략
먼저 점대칭도형의 대칭의 중심을 찾아봅니다.

① 대칭의 중심을 찾습니다.

② 대칭의 중심에서 출발하여 점선을 따라 점대칭도형이 되도록 선을 긋습니다.

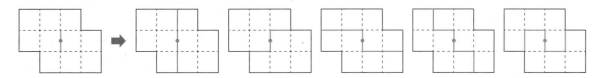

2 점대칭도형을 나누는 선이 점대칭도형의 대칭의 중심을 지나면 합동인 도형 2개로 나눌 수 있습니다.

해결 전략
점대칭도형의 대칭의 중심을 찾은 다음 선을 긋습니다.

주의
나누는 선 자체가 점대칭도형이어야 합니다.

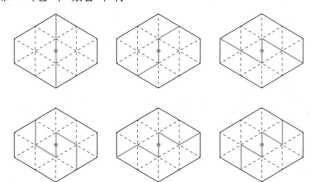

따라서 합동인 도형 2개로 나누는 방법은 6가지입니다.

최상위 사고력 작은 정사각형의 개수가 36개이므로 작은 정사각형 36÷4=9(개)로 이루어진 합동인 도형 4개로 나누어야 합니다. 또 ★의 개수가 12개이므로 합동인 도형 한 개에 12÷4=3(개)의 별이 있어야 합니다.

대칭의 중심에서 출발하여 점선을 따라 점대칭이 되도록 선을 그어 합동인 도형 4개로 나누어 봅니다.

해결 전략
정사각형은 점대칭도형입니다.

주의
나누어진 도형은 합동이지만 ★의 개수가 다릅니다.

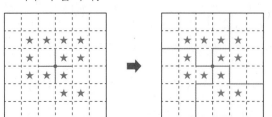

6-3. 디지털 숫자   58~59쪽

1 (1) 101 (2) 9886 (3) 14개   **최상위 사고력** 6921

저자 톡! 이 단원에서는 디지털 숫자를 이용해 선대칭도형과 점대칭도형에 대해 학습합니다. 디지털 숫자는 우리가 평소에 사용하는 숫자와는 조금 다른 모양을 하고 있습니다. 따라서 각각의 숫자가 어떤 모양을 이루고 있는지 먼저 살펴본 후 문제에 접근해야 합니다. 각각의 숫자가 선대칭도형이나 점대칭도형일 수도 있지만 여러 개의 숫자로 만든 하나의 수가 선대칭도형이나 점대칭도형일 수도 있습니다. 이때 6은 180° 돌리면 9로, 9는 180° 돌리면 6으로 바뀌므로 주의하여 문제를 해결합니다.

1 (1) 디지털 숫자 중 선대칭도형이 되는 숫자는 0, 1, 3, 8입니다.

0, 1, 3, 8을 조합하여 선대칭도형이 되는 세 자리 수를 만들 수 있습니다.

선대칭도형이 되는 세 자리 수 중 가장 작은 수는 100이고, 두 번째로 작은 수는 101입니다.

(2) 디지털 숫자 중 점대칭도형이 되는 숫자는 0, 1, 2, 5, 8이고, 6을 180° 돌리면 9, 9를 180° 돌리면 6이 됩니다.

0, 1, 2, 5, 6, 8, 9를 조합하여 점대칭도형이 되는 네 자리 수를 만들 수 있습니다.

점대칭도형이 되는 네 자리 수 중에서 가장 큰 수는 9966이고, 두 번째로 큰 수는 9886입니다.

(3) 0, 1, 2, 5, 6, 8, 9를 조합하여 점대칭도형이 되는 네 자리 수를 만들 수 있습니다.

• 천의 자리 숫자가 5인 경우: 5005, 5115, 5225, 5555, 5695, 5885, 5965

• 천의 자리 숫자가 6인 경우: 6009, 6119, 6229, 6559, 6699, 6889, 6969

• 천의 자리 숫자가 7인 경우는 없습니다.

해결 전략
먼저 선대칭도형이나 점대칭도형이 되는 숫자를 찾아봅니다.

주의
9999를 180° 돌리면 6666이 되므로 9999는 점대칭도형이 아닙니다.

따라서 5000과 8000 사이의 네 자리 수 중에서 점대칭도형이 되는 수
는 모두 14개입니다.

최상위 사고력 디지털 숫자 카드 ⌜0⌝, ⌜1⌝, ⌜2⌝, ⌜5⌝, ⌜6⌝, ⌜8⌝, ⌜9⌝를 조합하여 180°
돌려도 수가 되는 네 자리 수를 만들 수 있습니다.

하연이가 만든 수와 재환이가 본 수의 차가 5652이고 하연이가 만든

해결 전략
하연이가 만든 네 자리 수 카드를 ■■■■
라 놓으면 재환이가 본 네 자리 수 카드는
■■■■입니다.

일의 자리 숫자와 재환이가 본 일의 자리 숫자의 차는 2이므로 다음과 같이 4가지가 가능합니다.

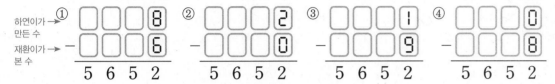

하연이가 만든 수의 일의 자리 숫자를 180° 돌리면 재환이가 본 수의 천의 자리 숫자가 됩니다. 위의 4가지 경우
중 천의 자리에서 계산이 가능한 것은 ③번입니다.

$$
\begin{array}{r}
\square\square\square 1 \\
-\ \square\square 9 \\
\hline
5\ 6\ 5\ 2
\end{array}
\quad\Rightarrow\quad
\begin{array}{r}
6\square\square 1 \\
-\ 1\square 9 \\
\hline
5\ 6\ 5\ 2
\end{array}
$$

하연이가 만든 십의 자리 숫자와 재환이가 본 십의 자리 숫자의 차는 5이므로 다음과 같이 5가지가 가능합니다.

①
$$
\begin{array}{r}
6\square 8 1 \\
-\ 1\square 2 9 \\
\hline
5\ 6\ 5\ 2
\end{array}
$$
②
$$
\begin{array}{r}
6\square 6 1 \\
-\ 1\square 0 9 \\
\hline
5\ 6\ 5\ 2
\end{array}
$$
③
$$
\begin{array}{r}
6\square 5 1 \\
-\ 1\square 9 9 \\
\hline
5\ 6\ 5\ 2
\end{array}
$$
④
$$
\begin{array}{r}
6\square 2 1 \\
-\ 1\square 6 9 \\
\hline
5\ 6\ 5\ 2
\end{array}
$$
⑤
$$
\begin{array}{r}
6\square 1 1 \\
-\ 1\square 5 9 \\
\hline
5\ 6\ 5\ 2
\end{array}
$$

하연이가 만든 수의 십의 자리 숫자를 180° 돌리면 재환이가 본 수의 백의 자리 숫자가 됩니다. 위의 5가지 경우
중 백의 자리에서 계산이 가능한 것은 ④번입니다.

$$
\begin{array}{r}
6\square 2 1 \\
-\ 1\square 6 9 \\
\hline
5\ 6\ 5\ 2
\end{array}
\quad\Rightarrow\quad
\begin{array}{r}
6\ 9\ 2\ 1 \\
-\ 1\ 2\ 6\ 9 \\
\hline
5\ 6\ 5\ 2
\end{array}
$$

따라서 하연이가 만든 네 자리 수는 6921입니다.

1 956

2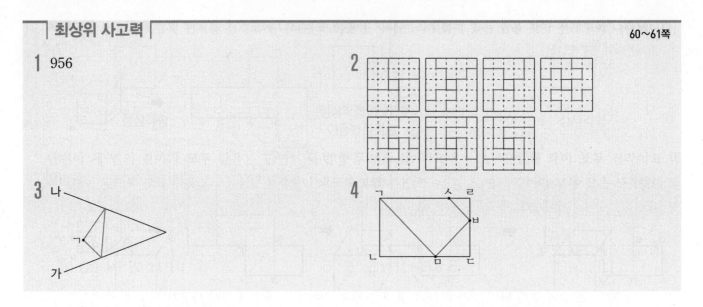

3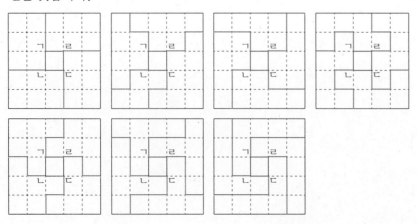

4

1 주호와 현아가 서로 마주 보고 앉아 있을 때, 주호가 만든 수를 180° 돌리면 현아가 본 수와 같습니다.

디지털 숫자 카드 중 점대칭도형이 되는 숫자는 0, 1, 2, 5, 8이고, 6을 180° 돌리면 9, 9를 180° 돌리면 6이 됩니다.

디지털 숫자 카드 0, 1, 2, 5, 6, 8, 9를 조합하여 점대칭도형이 되는 세 자리 수를 찾아봅니다.

점대칭도형이 되는 세 자리 수 중 가장 큰 수는 986이고, 두 번째로 큰 수는 956입니다.

따라서 주호가 만들 수 있는 수 중 두 번째로 큰 수는 956입니다.

해결 전략
주호가 만든 세 자리 수 카드를 ■■■라 놓으면 현아가 본 세 자리 수 카드는 ■■■입니다.

2 작은 정사각형의 개수가 24개이므로 작은 정사각형 24÷4=6(개)로 이루어진 합동인 도형 4개로 나누어야 합니다.

① 대칭의 중심을 찾습니다.

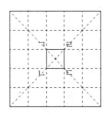

해결 전략
사각형 ㄱㄴㄷㄹ의 네 꼭짓점에서 점대칭의 원리를 이용하여 선을 그어 봅니다.

사각형 ㄱㄴㄷㄹ의 꼭짓점에서 출발하여 점선을 따라 점대칭이 되도록 선을 긋습니다.

3 ① 가를 대칭축으로 하여 점 ㄱ의 대응점
ㄱ'을 찍습니다.

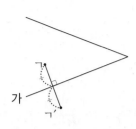

② 나를 대칭축으로 하여 점 ㄱ의 대응점
ㄱ"을 찍습니다.

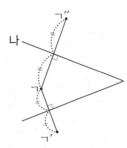

③ 점 ㄱ'과 점 ㄱ"을 잇는 선분을 그었을
때 가와 만나는 점을 점 ㄴ, 나와 만나
는 점을 점 ㄷ이라고 합니다.

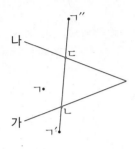

④ 따라서 점 ㄱ, 점 ㄴ, 점 ㄷ, 다시 점
ㄱ을 차례로 연결한 선이 최단 거리입
니다.

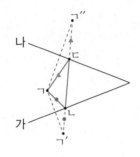

4 ① 선분 ㄴㄷ을 대칭축으로 하여 점 ㄱ의
대응점 ㄱ'을 찍습니다.

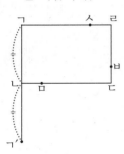

② 선분 ㄷㄹ을 대칭축으로 하여 점 ㅅ의
대응점 ㅅ'을 찍습니다.

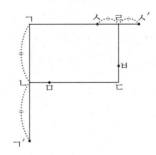

③ 점 ㄱ'과 점 ㅅ'을 잇는 선분을 그었을
때 선분 ㄴㄷ과 만나는 점을 점 ㅁ, 선
분 ㄷㄹ과 만나는 점을 점 ㅂ이라고
합니다.

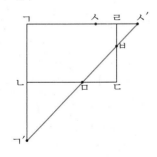

④ 따라서 점 ㄱ, 점 ㅁ, 점 ㅂ, 점 ㅅ을
차례로 연결한 선이 최단 거리입니다.

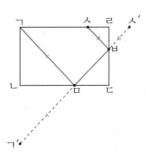

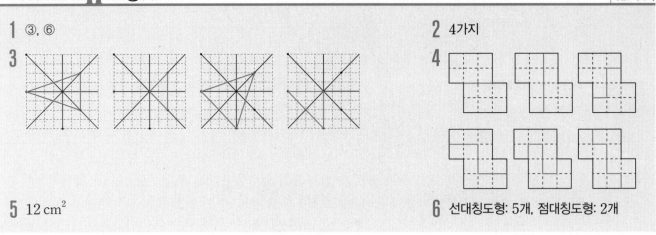

1 ③, ⑥

2 4가지

3

4

5 12 cm²

6 선대칭도형: 5개, 점대칭도형: 2개

1 ③ 삼각형의 나머지 한 각의 크기는 $180°-80°-40°=60°$입니다.
④ 삼각형의 나머지 한 각의 크기는 $180°-60°-40°=80°$입니다.
⑥ 삼각형의 나머지 한 각의 크기는 $180°-60°-40°=80°$입니다.
③번과 ⑥번 삼각형의 대응하는 한 변의 길이가 10 cm로 같고, 그 양 끝
각의 크기가 각각 40°와 60°로 같으므로 합동입니다.

> **해결 전략**
> 변의 길이와 각의 크기를 찾아 합동인 도형
> 을 알아봅니다.

2 2개의 사다리꼴 중 1개의 사다리꼴을 고정시켜 기준을 정한 다음, 사다리꼴의 각 변의 중심이 대칭의 중심이 되
도록 다른 사다리꼴을 붙여 점대칭도형을 만들어 봅니다.

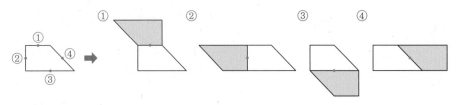

따라서 길이가 같은 변끼리 이어 붙여 만들 수 있는 점대칭도형은 모두 4가지입니다.

3 선대칭도형이 되는 삼각형은 두 변의 길이가 같은 이등변삼각형입니다. 대칭축이 가로, 세로, 가로선도 세로선도
아닌 경우로 나누어 이등변삼각형을 그려 봅니다.

① 대칭축이 가로인 경우   ② 대칭축이 세로인 경우   ③ 대칭축이 가로선도 세로선도 아닌 경우
: 없음

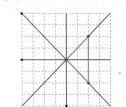

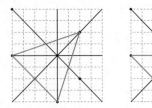

선대칭도형이 되는 삼각형은 두 변의 길이가 같은 이등변삼각형이므로 여섯 개의 점에 ①부터 ⑥까지 번호를 매긴 후,
세 개의 점을 선택하여 이등변삼각형을 먼저 만들고, 주어진 선을 대칭축으로 하는 선대칭도형이 되는지 알아봅니다.

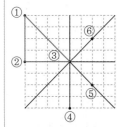
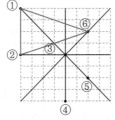
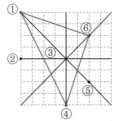

①, ②, ③을 선택한 경우　　　①, ②, ⑥을 선택한 경우　　　①, ④, ⑥을 선택한 경우

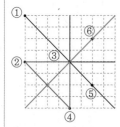
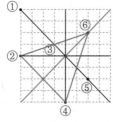
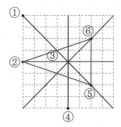

②, ③, ④를 선택한 경우　　　②, ④, ⑥을 선택한 경우　　　②, ⑤, ⑥을 선택한 경우

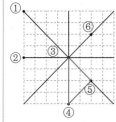
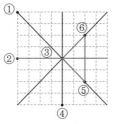

③, ④, ⑤를 선택한 경우　　　③, ⑤, ⑥을 선택한 경우

4 대칭의 중심을 찾습니다.

대칭의 중심에서 출발하여 점선을 따라 점대칭이 되도록 선을 긋습니다.

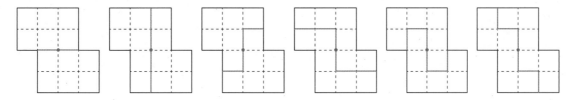

5 겹친 부분의 넓이를 ①, ②, ③이라 하고, 색칠한 부분에서 합동인 삼각
형을 찾아 겹친 부분의 넓이를 구해 봅니다.

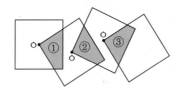

- 삼각형 ㅇㄱㄴ과 삼각형 ㅇㄷㄹ은 대응하는 한 변의 길이와 그 양 끝 각의 크기가 각각 같으므로 서로 합동입니다.
따라서 ①의 넓이는 삼각형 ㅇㄱㄷ의 넓이와 같으므로 겹쳐진 부분의 넓이는 $4 \times 4 \times \dfrac{1}{4} = 4 \, (\text{cm}^2)$입니다.

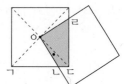

해결 전략

(각 ㄱㅇㄴ)=90°−●,
(각 ㄷㅇㄹ)=90°−●
➡ (각 ㄱㅇㄴ)=(각 ㄷㅇㄹ)

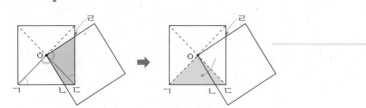

같은 방법으로 ②와 ③의 넓이를 구하면 각각 $4 \times 4 \times \dfrac{1}{4} = 4 \, (\text{cm}^2)$입니다.

②
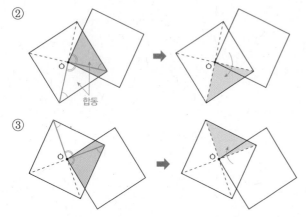

③

따라서 색칠한 부분의 넓이는 $4 \times 3 = 12 \, (\text{cm}^2)$입니다.

6 ① 바둑돌 3개가 모두 붙어 있는 경우

해결 전략
바둑돌을 올려 놓는 경우를 생각해 봅니다.

선대칭도형	○	×	○
점대칭도형	×	×	○

② 바둑돌 2개가 붙어 있는 경우

선대칭도형	×	×	×	×
점대칭도형	×	×	×	×

③ 바둑돌이 모두 떨어져 있는 경우

선대칭도형	○	○	×	○	×
점대칭도형	×	×	×	×	○

따라서 선대칭도형은 5개, 점대칭도형은 2개 만들 수 있습니다.

Ⅲ 도형(2)

이번 단원에서는 정육면체와 직육면체에 대하여 학습합니다. 모두 5개의 단원으로 구성되며 크게 정육면체에 관한 주제 4가지와 직육면체에 관한 주제 1가지를 차례로 다루게 됩니다.

7 정육면체의 전개도에서는 정육면체의 서로 다른 전개도 11가지를 모두 그려 보고 그 모양을 익힙니다.

8 무늬가 있는 정육면체의 전개도에서는 주어진 전개도를 다른 전개도로 변형하는 방법에 대해 학습합니다.

9 주사위에서는 여러 개의 주사위를 붙여 만든 모양에서 한 면에 있는 눈의 수를 구하거나, 보이는 면의 눈의 합이 최대 또는 최소가 되는 경우를 구합니다. 또한 다양한 방법으로 주사위를 굴렸을 때의 윗면에 보이는 눈의 수를 예상해 봅니다.

10 정육면체 탐구에서는 정육면체에 그은 선분의 길이와 도형의 각도를 구해 보고, 정육면체를 한 평면으로 잘랐을 때 나오는 단면과 선이 그어진 투명 정육면체를 위, 앞, 옆에서 본 모양을 학습합니다.

11 직육면체에서는 직육면체의 겨냥도와 전개도를 그려 보고 전개도의 둘레가 가장 길거나 짧게 될 때의 길이를 구합니다.

최상위 사고력 **7** 정육면체의 전개도

7-1. 전개도의 가짓수

66~67쪽

1 ②, ④, ⑤

2

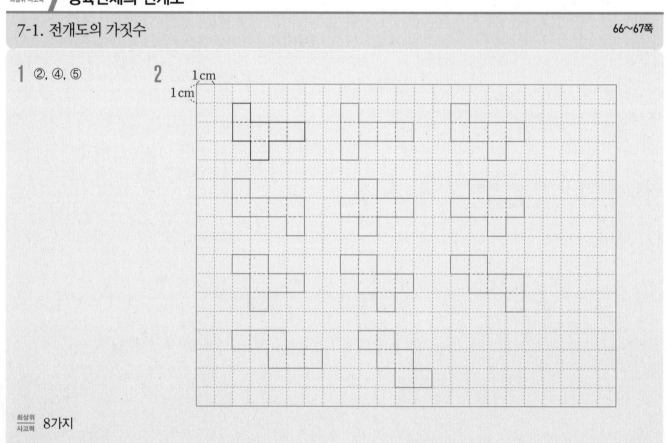

최상위 사고력 8가지

저자 톡! 이 단원에서는 서로 다른 모양의 정육면체의 전개도가 모두 몇 가지인지 알아봅니다. 여러 가지 모양의 전개도를 빠짐없이 중복되지 않게 모두 찾는 방법을 학습하고, 전개도가 되지 않는 것은 그 이유를 알아봅니다. 다음 단원에서 서로 다른 모양의 전개도를 알아야 해결할 수 있는 문제들을 풀게 되므로 이번 단원에서 서로 다른 모양의 정육면체의 전개도를 그리는 방법을 익힐 수 있도록 합니다.

1 전개도를 접었을 때의 모양을 생각해 봅니다.

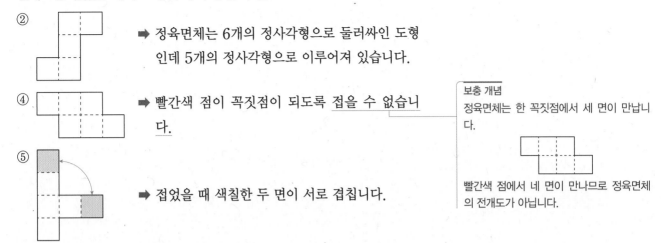

② ➡ 정육면체는 6개의 정사각형으로 둘러싸인 도형인데 5개의 정사각형으로 이루어져 있습니다.

④ ➡ 빨간색 점이 꼭짓점이 되도록 <u>접을 수 없습니다.</u>

⑤ ➡ 접었을 때 색칠한 두 면이 서로 겹칩니다.

보충 개념
정육면체는 한 꼭짓점에서 세 면이 만납니다.

빨간색 점에서 네 면이 만나므로 정육면체의 전개도가 아닙니다.

따라서 정육면체의 전개도가 아닌 것은 ②, ④, ⑤입니다.

2 나란히 붙어 있는 면의 개수에 따라 직육면체의 전개도를 찾아봅니다.

해결 전략
나란히 붙어 있는 면이 4개, 3개, 2개인 경우로 나누어 찾아봅니다.

① 나란히 붙어 있는 면이 최대 4개인 경우

나머지 두 면을 서로 다른 방법으로 그립니다.

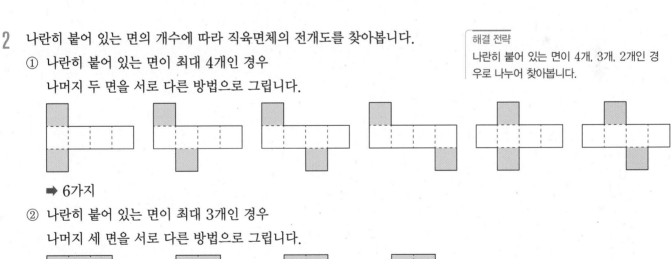

➡ 6가지

② 나란히 붙어 있는 면이 최대 3개인 경우

나머지 세 면을 서로 다른 방법으로 그립니다.

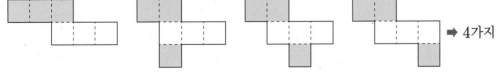

➡ 4가지

③ 나란히 붙어 있는 면이 최대 2개인 경우

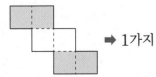

➡ 1가지

따라서 정육면체의 전개도는 모두 11가지 모양으로 그릴 수 있습니다.

최상위 사고력 뚜껑이 없는 정육면체 모양의 상자의 면의 개수는 5개입니다.

정육면체의 전개도를 찾는 방법과 같은 방법으로 나누어 찾아봅니다.

해결 전략
나란히 붙어 있는 면이 4개, 3개, 2개인 경우로 나누어 찾아봅니다.

① 나란히 붙어 있는 면이 최대 4개인 경우

나머지 한 면을 서로 다른 방법으로 그립니다.

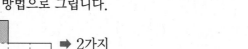 ➡ 2가지

② 나란히 붙어 있는 면이 최대 3개인 경우

나머지 두 면을 서로 다른 방법으로 그립니다.

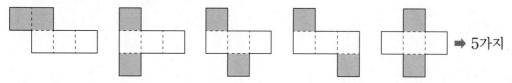 ➡ 5가지

③ 나란히 붙어 있는 면이 최대 2개인 경우

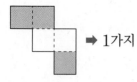 ➡ 1가지

따라서 이 상자의 전개도는 모두 8가지입니다.

7-2. 제한된 범위에서 전개도 그리기

68~69쪽

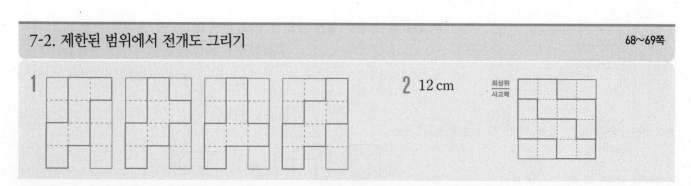

1

2 12 cm

최상위 사고력

저자 톡! 이 단원에서는 크기가 정해진 모눈판에 주어진 조건에 맞게 전개도를 그려 봅니다. 따라서 서로 다른 모양의 정육면체의 전개도를 그리는 방법을 알고 있어야 문제를 쉽게 해결할 수 있습니다. 문제 해결에 어려움이 있다면 앞에서 학습했던 내용을 다시 한 번 복습하거나 직접 전개도를 그린 다음 오린 뒤 접어서 확인해 봅니다.

1 ① 나란히 붙어 있는 면이 최대 3개인 경우

　　나머지 세 면을 서로 다른 방법으로 그립니다.

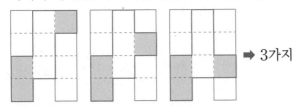 ➡ 3가지

해결 전략
세로 방향으로 가운데 줄에 나란히 붙어 있는 면이 최대 3개, 2개인 경우로 나누어 찾아봅니다.

② 나란히 붙어 있는 면이 최대 2개인 경우

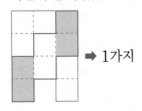 ➡ 1가지

2 60과 24의 최대공약수는 12이므로 주어진 직사각형을 오른쪽과 같은 모눈판으로 바꾸어 생각할 수 있습니다.

해결 전략
한 변의 길이가 가장 긴 모눈판을 만들기 위해 60과 24의 최대공약수를 구합니다.

나란히 붙어 있는 면이 최대 4개인 경우와 2개인 경우는 위의 모눈판에 그릴 수 없습니다.

나란히 붙어 있는 면이 최대 3개인 경우 중 주어진 모눈판에 그릴 수 있는 전개도를 찾으면 다음과 같습니다.

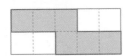

따라서 한 모서리의 길이가 가장 긴 정육면체의 한 모서리의 길이는 12 cm입니다.

보충 개념
• 나란히 붙어 있는 면이 최대 4개인 경우

• 나란히 붙어 있는 면이 최대 3개인 경우

• 나란히 붙어 있는 면이 최대 2개인 경우

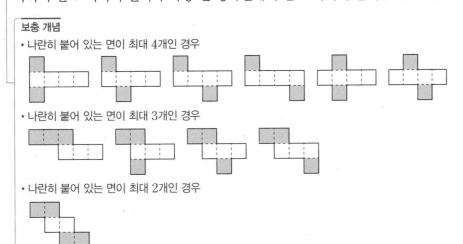

다른 풀이

주어진 직사각형 모양의 종이는 가로가 세로보다 깁니다. 따라서 정육면체의 전개도 11가지를 세로보다 가로가 긴 모양으로 생각해 봅니다.

① 세 모서리의 길이의 합이 24 cm인 경우 ➡ 한 모서리의 길이가 8 cm인 경우

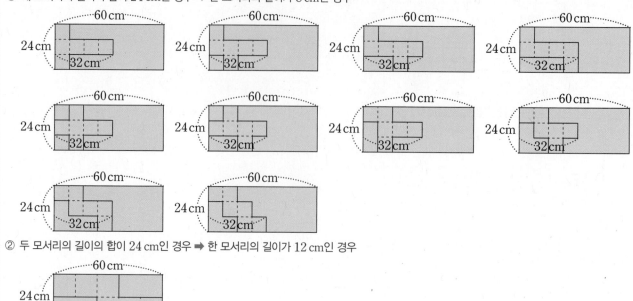

② 두 모서리의 길이의 합이 24 cm인 경우 ➡ 한 모서리의 길이가 12 cm인 경우

24 cm · 60 cm

따라서 한 모서리의 길이가 가장 긴 정육면체의 한 모서리의 길이는 12 cm입니다.

최상위 사고력 주어진 모눈판에 정육면체의 전개도를 1개 그리고 남은 부분이 다음과 같이 세로로 최대 2칸이 되는 경우에는 전개도를 더 그릴 수 없습니다.

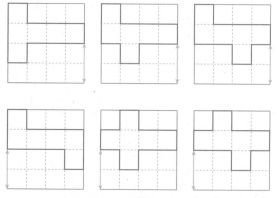

해결 전략

정육면체의 전개도 11가지 중에서 모눈판에 그릴 수 없는 전개도를 먼저 제외합니다.

➡ 주어진 모눈판은 가로 4칸, 세로 4칸이므로 위와 같은 모양의 전개도는 그릴 수 없습니다.

나머지 4개의 전개도 중에서 모눈판에 전개도를 2개 그릴 수 있는 것이 어떤 것인지 하나씩 그려 봅니다.

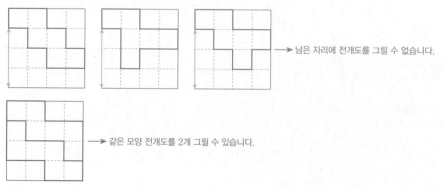

➡ 남은 자리에 전개도를 그릴 수 없습니다.

➡ 같은 모양 전개도를 2개 그릴 수 있습니다.

1

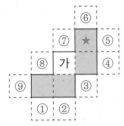

2 30

```
최상위
사고력
        6
     4  5  9
           7  8
```

저자 톡! 이 단원에서는 정육면체의 전개도에서 서로 마주 보는 면을 파악하여 해결할 수 있는 문제를 다룹니다. 정육면체에는 서로 마주 보는 면이 3쌍 있습니다. 이와 같은 성질을 이용하여 머릿속으로 정육면체의 전개도를 접었을 때 서로 마주 보는 면이 어느 것인지 생각하며 문제를 해결해 봅니다.

1 전개도의 일부를 접었을 때 서로 마주 보는 면을 찾아봅니다. 주어진 전개도에는 면 가와 서로 마주 보는 면이 없습니다.

해결 전략
마주 보는 면이 없는 면을 찾아봅니다.

```
              ⑥
           ⑦  ★  ⑤
        ⑧  가     ④
     ⑨        ③
        ①  ②
```

➡ 면 가와 서로 마주 보는 면이 되도록 ①부터 ⑨까지에 면 하나를 그려 가면서 전개도를 완성합니다.

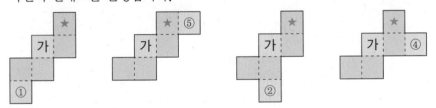

보충 개념
다음과 같이 면을 그리는 경우에는 정육면체의 전개도가 완성되지 않습니다.
• 한 꼭짓점에서 네 면이 만나는 경우

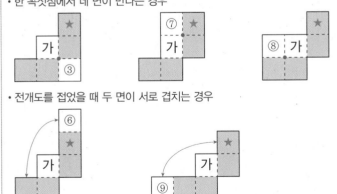

• 전개도를 접었을 때 두 면이 서로 겹치는 경우

2

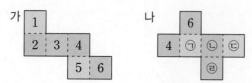

해결 전략
전개도를 접었을 때 서로 마주 보는 면을 찾
아봅니다.

전개도 가를 접었을 때 서로 마주 보는 면에 쓰여 있는 두 수를 쌍으로
나타내면 (1, 5), (2, 4), (3, 6)입니다. 전개도 나를 접었을 때 서로 마
주 보는 면에 쓰여 있는 두 수를 쌍으로 나타내면 (4, ㉡), (㉠, ㉢),
(6, ㉣)이므로 ㉡은 2, ㉣은 3입니다. 전개도를 이루는 면의 위치를 살
펴보면 ㉠은 5이고 ㉢은 1입니다.

따라서 ㉠×㉡×㉣＝5×2×3＝30입니다.

최상위
사고력 첫 번째, 두 번째 모양을 보면 ⬚4 와 만나는 면은 ⬚5 , ⬚6 , ⬚7 , ⬚8

이므로 ⬚4 와 마주 보는 면은 ⬚9 입니다.

첫 번째, 세 번째 모양을 보면 ⬚6 과 만나는 면은 ⬚4 , ⬚5 , ⬚8 , ⬚9

이므로 ⬚6 과 마주 보는 면은 ⬚7 입니다.

따라서 ⬚5 와 마주 보는 면은 ⬚8 입니다.

① ⬚4 와 마주 보는 면에 9를 씁   ② ⬚7 과 마주 보는 면에 6을 씁
니다.   니다.

③ ⬚4 , ⬚6 과 모두 만나는 면에   ④ ⬚5 와 마주 보는 면에 8을 씁
5를 씁니다.   니다.

보충 개념
첫 번째 모양을 보면 ⬚4 , ⬚6 과 모두 이
웃하는 면은 ⬚5 입니다.

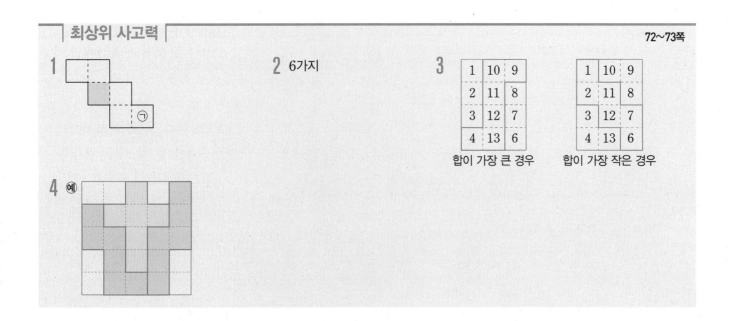

1

2 6가지

3

1	10	9
2	11	8
3	12	7
4	13	6

합이 가장 큰 경우

1	10	9
2	11	8
3	12	7
4	13	6

합이 가장 작은 경우

4 (예)

1 전개도를 접었을 때 면 ㉠과 수직인 면은 면 ㉠과 만나는 네 면입니다.
면 ㉠과 만나는 면에 쓰여 있는 숫자의 합이 가장 커야 하므로 면 ㉠과
만나지 않는 면, 즉 면 ㉠과 마주 보는 면에 쓰여 있는 숫자가 가장 작아
야 합니다.
따라서 숫자 1은 ㉠과 마주 보는 면에 써야 합니다.

> **해결 전략**
> 정육면체의 한 면 ㉠과 수직인 면은 4개이
> 고, 4개의 면은 모두 면 ㉠과 만납니다.

2 정육면체의 전개도는 모두 11개입니다. 이 중에서 모양 2개가
붙어 있는 전개도를 찾아봅니다.

> **해결 전략**
> 정육면체의 전개도 중에서 모양
> 2개로 만들 수 있는 전개도를 찾습니다.

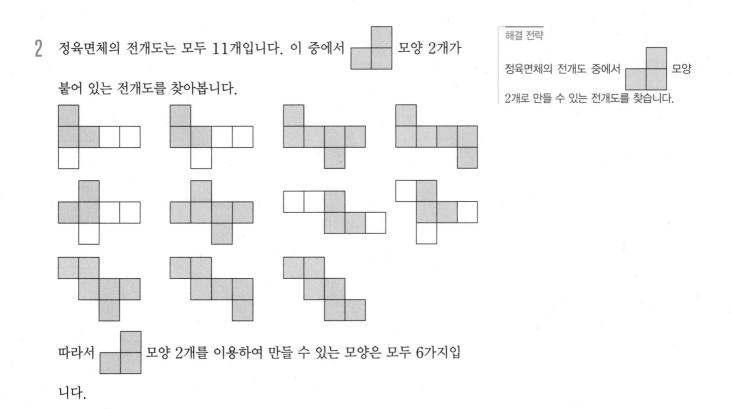

따라서 모양 2개를 이용하여 만들 수 있는 모양은 모두 6가지입
니다.

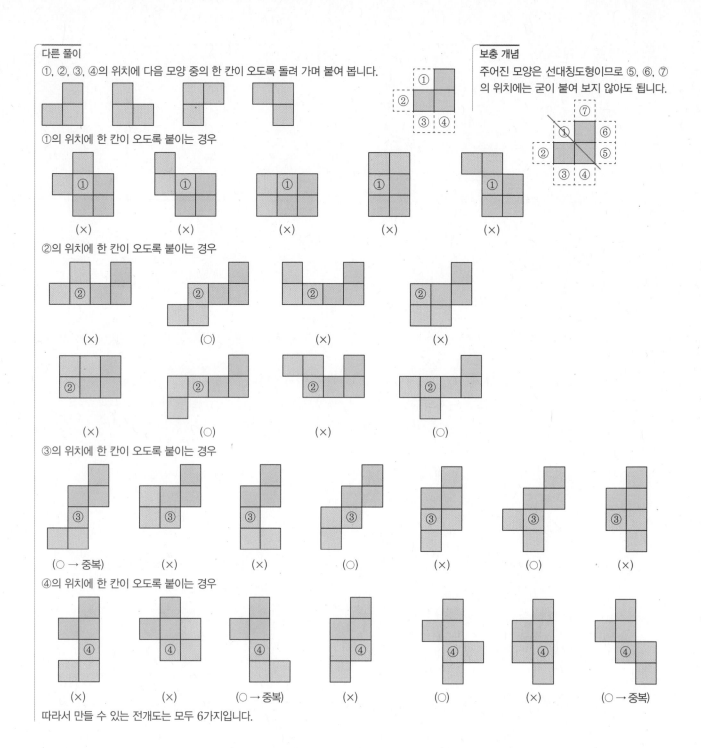

①, ②, ③, ④의 위치에 다음 모양 중의 한 칸이 오도록 돌려 가며 붙여 봅니다.

주어진 모양은 선대칭도형이므로 ⑤, ⑥, ⑦의 위치에는 굳이 붙여 보지 않아도 됩니다.

①의 위치에 한 칸이 오도록 붙이는 경우

(×)　(×)　(×)　(×)　(×)

②의 위치에 한 칸이 오도록 붙이는 경우

(×)　(○)　(×)　(×)

(×)　(○)　(×)　(○)

③의 위치에 한 칸이 오도록 붙이는 경우

(○ → 중복)　(×)　(×)　(○)　(×)　(○)　(×)

④의 위치에 한 칸이 오도록 붙이는 경우

(×)　(×)　(○ → 중복)　(×)　(○)　(×)　(○ → 중복)

따라서 만들 수 있는 전개도는 모두 6가지입니다.

3 ① 합이 가장 큰 경우

세로 방향으로 가운데 줄의 네 수를 모두 포함하는 경우입니다.
가운데 줄을 기준으로 양쪽 옆 줄에서 한 칸씩 수를 더 선택해야 하므로 왼쪽 줄에서 가장 큰 수인 4, 오른쪽 줄에서 가장 큰 수인 9를 선택합니다.

② 합이 가장 작은 경우

세로 방향으로 가운데 줄의 수를 가장 적게 포함하는 경우입니다.
가운데 줄에서 두 수를 선택하고 왼쪽 줄에서 1, 2를, 오른쪽 줄에서 6, 7을 선택합니다.

정육면체의 전개도 중 나란히 붙어 있는 면이 최대 2개인 경우는 다음과 같은 모양 한 가지뿐입니다.

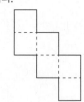

4 ① 모눈판에 서로 다른 모양의 전개도 2개를 먼저 그립니다.

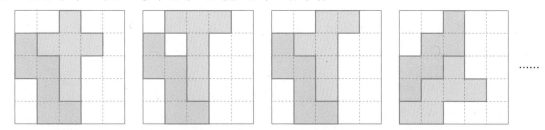

② 전개도 2개를 그리고 남은 부분에 모양이 다른 전개도 하나를 더 그립니다.

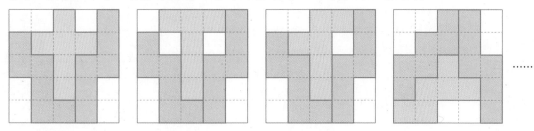

이외에도 여러 가지 방법이 있습니다.

> **해결 전략**
> 두 전개도의 둘레가 최대한 맞닿도록 그리면 남은 공간에 전개도를 하나 더 그릴 수 있습니다.

최상위 사고력 **8** 무늬가 있는 정육면체의 전개도

8-1. 전개도에 선 긋기

74~75쪽

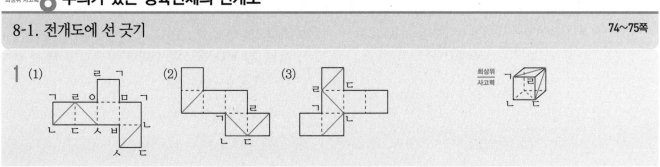

저자 톡! 이 단원에서는 정육면체에 그은 선분을 전개도에 나타내거나 정육면체의 전개도에 그은 선분을 겨냥도에 나타내는 활동을 합니다. 정육면체는 입체도형이므로 2차원인 평면에 나타내는 경우에는 한번에 최대 3개의 면까지만 보입니다. 따라서 정육면체의 6개의 면의 관계를 한번에 모두 파악하기 어려울 수 있으므로 전개도를 접었을 때 만나는 점이나 만나는 모서리의 관계를 파악하여 문제를 해결해 봅니다.

1 겨냥도를 보고 꼭짓점의 위치를 전개도에 나타내고 선분이 지나는 꼭짓점이 있는 면을 찾아 전개도에 나타냅니다.

(1)

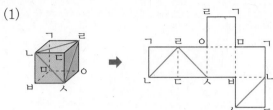

(2)

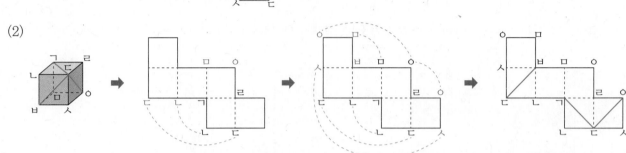

① 점 ㄴ, 점 ㄷ과 만나는 점을 각각 찾고, 점 ㄱ과 점 ㄹ의 위치를 통해 점 ㅁ과 점 ㅇ의 위치를 찾습니다.

② 점 ㅁ, 점 ㅇ과 만나는 점을 각각 찾고, 점 ㅁ과 점 ㅇ의 위치를 통해 점 ㅅ과 점 ㅂ의 위치를 찾습니다.

③ 전개도에 선분 ㄷㄱ, 선분 ㄷㅂ, 선분 ㄷㅇ을 알맞게 긋습니다.

(3)

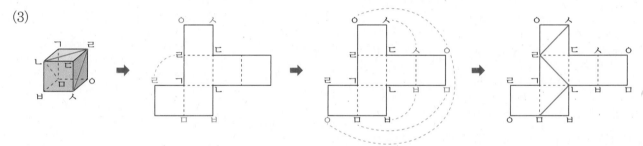

① 점 ㄹ과 만나는 점을 찾고, 주어진 점의 위치를 통해 점 ㅁ, 점 ㅂ, 점 ㅅ, 점 ㅇ의 위치를 찾습니다.

② 점 ㅁ, 점 ㅂ, 점 ㅅ, 점 ㅇ과 만나는 점을 각각 찾습니다.

③ 전개도에 선분 ㅁㄴ, 선분 ㄴㄹ, 선분 ㄹㅅ을 알맞게 긋습니다.

최상위 사고력 정육면체의 나머지 꼭짓점에도 기호를 붙인 뒤 전개도에 나타냅니다.

① 오른쪽 정육면체의 나머지 꼭짓점을 각각 점 ㅁ, 점 ㅂ, 점 ㅅ, 점 ㅇ으로 정합니다.

② 전개도에서 점 ㄱ, 점 ㄴ, 점 ㄹ과 만나는 점을 각각 찾고, 점 ㄹ과 점 ㄷ의 위치를 통해 점 ㅅ과 점 ㅇ의 위치를 찾습니다.

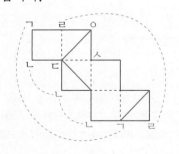

③ 점 ㅇ과 만나는 점을 찾고 나머지 꼭짓점의 위치를 찾습니다.

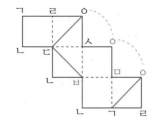

④ 겨냥도에 선분 ㄱㅇ과 선분 ㄷㅇ을 실선으로 긋고 선분 ㄷㅂ을 점선으로 긋습니다.

8-2. 보이지 않는 면의 무늬 알기

1 ㄹ

2 1과 3, 2와 6, 4와 5

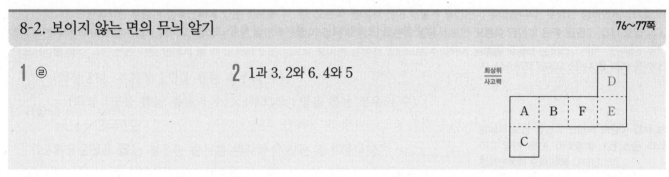

저자 톡! 이 단원에서는 정육면체의 한 꼭짓점에서 만나는 세 면이 도는 방향을 이용하여 보이지 않는 면의 무늬를 찾아봅니다. 이미 학습한 전개도의 마주 보는 면의 특성도 알고 있어야 문제를 해결할 수 있습니다. 또 정육면체의 겨냥도를 이용하여 보이는 면뿐만 아니라 보이지 않는 면에서도 이 원리를 적용하여 문제를 해결해 봅니다.

1 전개도를 접었을 때 만들어지는 정육면체에서

면 ▣와 면 ✦, 면 ●와 면 ○, 면 ★와 면 ◆는 서로 마주 보는 면이므로 서로 만나지 않습니다.

해결 전략
마주 보는 면은 서로 만나지 않으므로 마주 보는 면에 있는 무늬를 먼저 찾아봅니다.

㉠ 면 ▣와 면 ✦가 서로 만나므로 전개도를 접었을 때 만들어지는 정육면체가 아닙니다.

㉡ 면 ●와 면 ○가 서로 만나므로 전개도를 접었을 때 만들어지는 정육면체가 아닙니다.

전개도에서 ▣, ●, ★ 무늬와 ●, ✚, ★ 무늬는 한 꼭짓점을 중심으로 시계 반대 방향으로 놓여 있습니다.

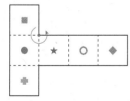 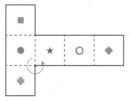

㉢ ▣, ●, ★ 무늬가 한 꼭짓점을 중심으로 시계 방향으로 놓여 있으므로 전개도를 접었을 때 만들어지는 정육면체가 아닙니다.

㉣ ●, ✚, ★ 무늬가 한 꼭짓점을 중심으로 시계 반대 방향으로 놓여 있으므로 전개도를 접었을 때 만들어지는 정육면체입니다.

2 ① 두 모양에서 5 는 1, 6, 2, 3 과 만나므로 5 와 마주 보는 면은 4 입니다.

보충 개념
정육면체에서 서로 마주 보는 두 면은 만나지 않습니다.

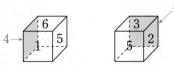

해결 전략
한 꼭짓점에서 만나는 세 면 5 , 1 , 6 이 같은 방향, 같은 순서로 놓이도록 합니다.

② 첫 번째 모양에서 세 면 5 , 1 , 6 은 한 꼭짓점을 중심으로 시계 방향으로 놓여 있으므로 두 번째 정육면체에서 보이지 않는 두 면 1 , 6 의 위치를 나타내면 다음과 같습니다.

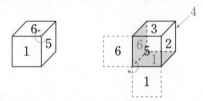

따라서 정육면체에서 마주 보는 면에 적힌 숫자는 1과 3, 2와 6, 4와 5입니다.

다른 풀이

정육면체에서 보이는 면의 일부를 전개도로 나타내면 다음과 같습니다.

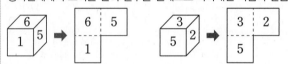

5 가 겹치므로 하나의 전개도로 나타낼 수 있습니다.

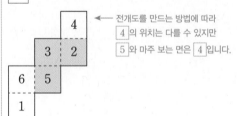

← 전개도를 만드는 방법에 따라 4 의 위치는 다를 수 있지만 5 와 마주 보는 면은 4 입니다.

따라서 정육면체에서 마주 보는 면에 적힌 숫자는 1과 3, 2와 6, 4와 5입니다.

최상위 사고력 ① 첫 번째 정육면체에서 세 면 C , A , B 가 시계 방향으로 놓여 있습니다.

해결 전략
한 꼭짓점에서 만나는 세 면이 같은 방향으로 놓인 순서를 생각해 봅니다.

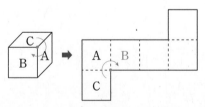

② 첫 번째, 두 번째 정육면체에서 A 는 B , C , D , E 와 만나므로 A 와 마주 보는 면은 F 입니다.

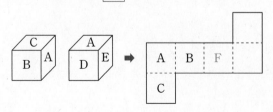

③ 첫 번째 정육면체에서 세 면 A , B , C 가 한 꼭짓점을 중심으로
시계 방향으로 놓여 있으므로 두 번째 정육면체에 보이지 않는 두 면
B , C 의 위치를 나타내면 다음과 같습니다.

따라서 B 와 E , C 와 D 가 서로 마주 보는 면이므로 전개도를 완
성하면 다음과 같습니다.

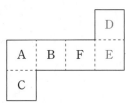

8-3. 전개도의 면 이동하기

1 다   2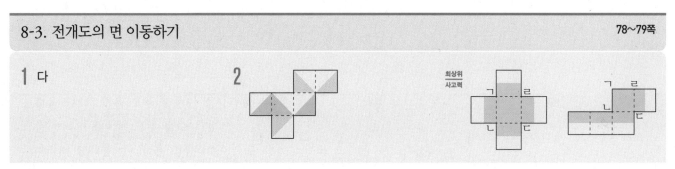

저자 톡! 이 단원에서는 전개도를 접었을 때 만나는 점과 만나는 선분을 찾고 면을 이동하여 문제를 해결합니다. 무늬가 있는 정육면체의 면
을 이동하는 경우에 면에 있는 무늬도 이동하는 방향에 따라 방향이 바뀌므로 전개도의 모양뿐 아니라 무늬의 방향에도 주의합니다.

1 보기와 같이 전개도를 접었을 때 만나는 모서리를 찾아 면을 돌려서 옮
기면, 다른 모양의 전개도를 만들 수 있습니다.
가 전개도의 표시한 부분을 다음과 같이 한 번 옮기면 나를 만들 수 있습
니다.

가   나

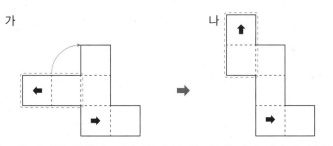

해결 전략
두 전개도의 모양을 비교하여 위치가 다른
부분을 옮겨서 확인해 봅니다.

주의
전개도의 면을 이동하면 화살표의 방향도
바뀝니다.

나 전개도의 표시한 부분을 다음과 같이 한 번 옮기면 다음과 같은 모양
이 됩니다.

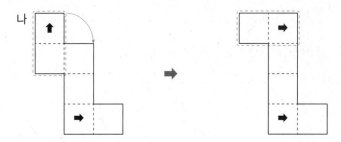

다는 화살표 방향이 다르므로 주어진 3개의 전개도 중 접었을 때 같은
모양의 정육면체를 만들 수 없는 것은 다입니다.

2 왼쪽의 전개도를 접었을 때 만나는 선분을 찾아 면을 이동하여 오른쪽
전개도를 만들어 봅니다.

해결 전략
전개도를 접었을 때 만나는 선분을 찾아 면
을 이동합니다.

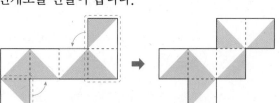

최상위
사고력 뚜껑이 없는 정육면체의 전개도에서 만나는 선분을 찾아 면을 이동하여 페인트가 칠해진 부분을 찾아봅니다.

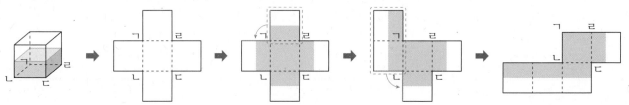

---

1 ④

2 3, 2, 6, 1

3

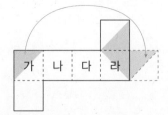

4

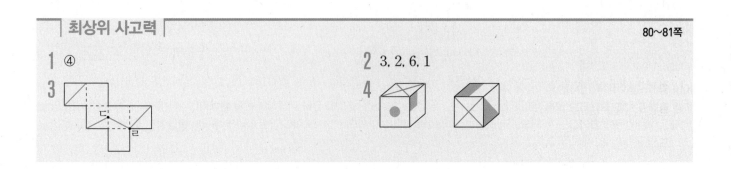

---

1 전개도를 접어 정육면체를 만들면 면 가는 면 라와 만납니다.

해결 전략
전개도를 접었을 때 색칠된 삼각형이 어떻
게 만나는지 생각해 봅니다.

즉, 3개의 색칠된 삼각형은 모두 한 꼭짓점에서 만납니다.
따라서 전개도를 접었을 때 만들어지는 정육면체는 ④입니다.

2 왼쪽 전개도에서 1과 4, 2와 5, 3과 6이 적힌 면은 서로 마주 보는 면입
니다.

해결 전략
왼쪽 전개도에서 마주 보는 면에 쓰여 있는
수끼리 먼저 짝을 짓습니다.

오른쪽 전개도에서 5와 마주 보는 면은 ⓒ이므로 ⓒ에 알맞은 수는 2입니다. 또 4와 마주 보는 면은 ⓔ이므로 ⓔ에 알맞은 수는 1입니다.

4, 5, 3은 한 꼭짓점을 중심으로 시계 반대 방향으로 놓여 있으므로 ㉠에 알맞은 수는 3입니다.

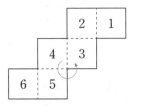 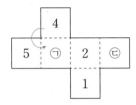

3이 적힌 면과 마주 보는 면은 ⓒ이 적힌 면이므로 ⓒ에 알맞은 수는 6입니다. 따라서 ㉠, ⓒ, ⓒ, ⓔ에 알맞은 수는 차례로 3, 2, 6, 1입니다.

3　① 선분 ㄷㄹ을 긋고 선분이 그어진 면을 기준으로 정합니다.　② 점 ㄴ과 점 ㄱ을 지나는 선을 긋습니다.

해결 전략
점 ㄱ, 점 ㄴ의 위치를 찾고 선분 ㄱㄹ, 선분 ㄴㄷ을 긋습니다. 전개도에서 점 ㄷ과 점 ㄹ이 있는 면을 기준으로 위치를 알 수 있는 선분부터 먼저 그어 봅니다.

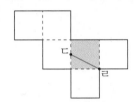 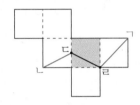

③ 점 ㄱ, 점 ㄴ이 만나는 점을 찾습니다.　④ 선분 ㄱㄴ을 긋습니다.

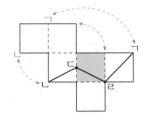 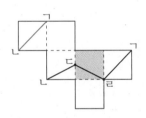

4　전개도에서 한 꼭짓점 ㄱ에서 만나는 세 면을 찾아보면 빈 곳에 알맞은 무늬는 ▨ 모양입니다. 점 ㄱ에 ▨ 무늬의 색칠된 부분이 닿아 있으므로 빈 곳에 알맞은 무늬를 그리면 오른쪽과 같습니다.

해결 전략
한 꼭짓점에서 만나는 세 면이 놓인 순서를 이용하여 알아봅니다.

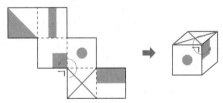

전개도에서 ◤ 면을 옮기면 한 꼭짓점 ㄴ에서 만나는 세 면을 찾을 수 있습니다. 따라서 빈 곳에 알맞은 무늬를 그리면 오른쪽과 같습니다.

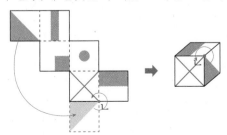

9-1. 주사위 완성하기

1 4, 2   **2** 3   최상위 사고력 **6**

> **저자 톡!** 이 단원에서는 여러 가지 조건을 분석하여 주사위의 비어 있는 면에 알맞은 눈을 찾아봅니다. 주사위의 한 꼭짓점에서 만나는 세 면이 놓인 방향과 마주 보는 면에 있는 주사위의 눈의 수의 합이 7임을 이용하여 비어 있는 면에 알맞은 주사위의 눈을 구해 봅니다.

1 ① 두 번째 주사위에서 눈의 수가 6인 면과 마주 보는 면에 있는 눈의 수는 1입니다.

② 첫 번째 주사위에서 한 꼭짓점을 중심으로 눈의 수가 2, 1, 3인 세 면이 시계 방향으로 놓여 있습니다. 따라서 면 가에 있는 눈의 수는 3입니다.

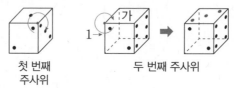

③ 면 가의 눈의 수는 3이므로 마주 보는 면에 있는 눈의 수는 4입니다.

④ 첫 번째 주사위에서 한 꼭짓점을 중심으로 눈의 수가 2, 1, 3인 세 면이 시계 방향으로 놓여 있습니다. 따라서 면 나와 마주 보는 면에 있는 눈의 수는 2입니다.

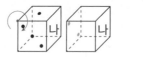

2 ① 눈의 수가 1인 면과 마주 보는 면 나에 있는 눈의 수는 6입니다.

② 면 나와 맞닿은 면 다에 있는 눈의 수도 6이므로 면 다와 마주 보는 면 라에 있는 눈의 수는 1입니다.

> **해결 전략**
> 한 꼭짓점에서 만나는 세 면이 놓인 방향을 이용합니다.

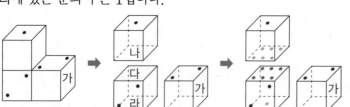

③ 주어진 주사위는 한 꼭짓점을 중심으로 눈의 수가 1, 2, 3인 세 면이 시계 반대 방향으로 놓여 있습니다. 따라서 면 마에 있는 눈의 수는 3입니다.

> **보충 개념**
>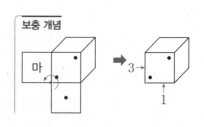

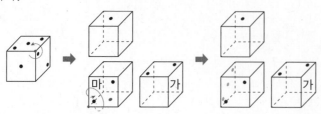

④ 면 마와 마주 보는 면 바에 있는 눈의 수는 4입니다. 면 바와 맞닿은 면 사에 있는 눈의 수도 4이므로 면 사와 마주 보는 면 가에 있는 눈의 수는 3입니다.

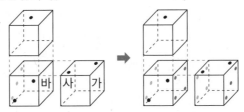

최상위
사고력
① 서로 마주 보는 면에 있는 수의 합이 7인 조건과 맞닿은 면에 있는 수의 합이 6인 조건을 이용합니다.

② 주어진 정육면체는 한 꼭짓점을 중심으로 면에 있는 수가 1, 2, 3인 세 면이 시계 반대 방향으로 놓여 있습니다.

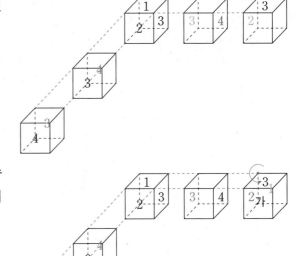

보충 개념

③ 서로 마주 보는 면에 있는 수의 합이 7인 조건과 맞닿은 면에 있는 수의 합이 6인 조건을 이용합니다.

④ 가가 적힌 정육면체는 한 꼭짓점을 중심으로 면에 있는 수가 1, 2, 3인 세 면이 시계 반대 방향으로 놓여 있음을 이용합니다.

따라서 면 가는 1이 있는 면과 마주 보는 면이므로 면 가에 있는 수는 6입니다.

1 25   **2** (1) 72   (2) 76   최상위 사고력 71

저자 톡! 이 단원에서는 주사위를 붙여 만든 모양을 보고 겉면에 있는 눈의 수의 합이 가장 큰 경우와 가장 작은 경우를 구해 봅니다. 주사위 끼리 맞닿아 있는 면은 보이지 않지만 마주 보는 면에 있는 주사위의 눈의 수의 합이 7임을 이용하면 문제를 해결할 수 있습니다.

1 가장 위에 있는 주사위에서 눈의 수가 3인 면과 마주 보는 면의 눈의 수는 4입니다.
나머지 3개의 주사위는 보이지 않는 면이 각각 2개씩 있고, 그 두 면은 서로 마주 보는 면이므로 두 면에 있는 눈의 수의 합은 7입니다.
따라서 주사위 4개를 붙여 만든 모양에서 바닥 면을 포함하여 보이지 않는 면에 있는 눈의 수의 합은 $4+7\times3=25$입니다.

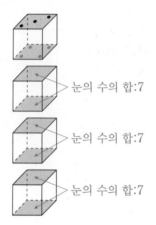

눈의 수의 합:7
눈의 수의 합:7
눈의 수의 합:7

> **해결 전략**
> 주사위에서 서로 마주 보는 면의 눈의 수의 합은 항상 7입니다.

2 주사위 1개의 면에 있는 눈의 수의 합은 $1+2+3+4+5+6=21$입니다. 주사위를 붙여 만든 모양에서 겉면에 있는 눈의 수의 합이 가장 클 때는 주사위끼리 맞닿은 면에 있는 눈의 수가 가장 작을 때입니다.
(1) 4개의 주사위 모두 다른 주사위와 두 면씩 맞닿아 있으므로 눈의 수가 1, 2인 면을 맞닿게 놓았을 때 겉면에 있는 눈의 수의 합이 가장 큽니다.
$(1+2+3+4+5+6)\times4-(1+2)\times4=72$
(2) 2개의 주사위는 다른 주사위와 한 면씩 맞닿아 있고 2개의 주사위는 다른 주사위와 두 면씩 맞닿아 있습니다.
따라서 한 면이 맞닿은 주사위에 눈의 수가 1인 면을 맞닿게 놓고, 두 면이 맞닿은 주사위에 눈의 수가 1, 2인 면을 맞닿게 놓았을 때 겉면에 있는 눈의 수의 합이 가장 큽니다.
$(1+2+3+4+5+6)\times4-1\times2-(1+2)\times2=76$

> **해결 전략**
> 겉면에 있는 눈의 수의 합이 가장 크려면 맞닿아 보이지 않는 면에 있는 눈의 수를 가장 작게 해야 합니다.

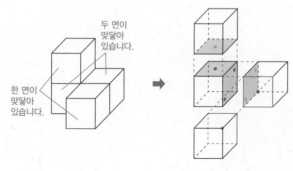

두 면이 맞닿아 있습니다.
한 면이 맞닿아 있습니다.

최상위 사고력 먼저 맞닿아 있는 면의 개수에 따라 주사위를 분류합니다.

① 두 면이 맞닿은 주사위: 4개

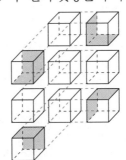

주사위끼리 맞닿아 있는 면에 있는 눈의 수가 클수록 겉면에 있는 눈의 수의 합이 작아집니다.

따라서 맞닿은 면에 있는 눈의 수는 각각 5와 6이고, 맞닿은 면에 있는 눈의 수의 합은 $(5+6) \times 4 = 44$입니다.

② 세 면이 맞닿은 주사위: 4개

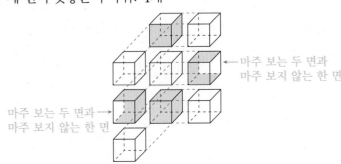

맞닿은 세 면 중 마주 보는 면이 없는 주사위 2개의 맞닿은 면에 있는 눈의 수의 합은 $4+5+6=15$이고, 마주 보는 면이 있는 주사위 2개의 맞닿은 면에 있는 눈의 수의 합은 $7+6=13$입니다.

따라서 맞닿은 면에 있는 눈의 수의 합은 $15 \times 2 + 13 \times 2 = 56$입니다.

③ 네 면이 맞닿은 주사위: 1개

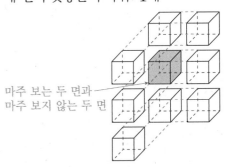

마주 보는 면에 있는 눈의 수의 합은 7이고, 마주 보지 않는 면에 있는 눈의 수는 각각 5와 6입니다.

따라서 맞닿은 면에 있는 눈의 수의 합은 $7+6+5=18$입니다.

따라서 겉면에 있는 눈의 수의 합이 가장 작을 때의 값은 $21 \times 9 - 44 - 56 - 18 = 71$입니다.

다른 풀이

겉면에 마주 보는 면이 있는 주사위와 마주 보지 않는 면이 있는 주사위로 나누어 구합니다.

① 마주 보는 면이 있는 주사위

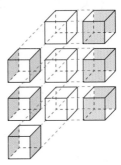

마주 보는 면이 모두 6쌍 있으므로, 마주 보는 면에 있는 눈의 수의 합은 $7 \times 6 = 42$입니다.

② 마주 보지 않는 면이 있는 주사위 (양 끝에 있는 주사위)

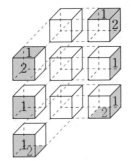

눈의 수의 합은 $(1+2) \times 4 + 1 \times 2 = 14$입니다.

③ 마주 보지 않는 면이 있는 주사위 (가운데에 있는 주사위)

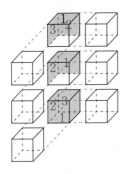

눈의 수의 합은 $6+3+6=15$입니다.
→ 겉면에 있는 눈의 수의 합이 작아야 하므로 겉면에 1부터 순서대로 작은 수를 씁니다.

따라서 겉면에 있는 눈의 수의 합이 가장 작을 때의 값은 $42+14+15=71$입니다.

1 (1) 6, 1 (2) 3, 4 (3) 5, 5 (4) 4, 4

최상위
사고력 **1**

저자 톡! 이 단원에서는 주사위를 여러 방향으로 한 칸씩 굴렸을 때 주사위의 윗면에 있는 눈의 수를 구하는 방법을 알아봅니다. 주사위를 굴린 방향에 따라 어떤 규칙이 있는지 찾아봅니다. 머릿속으로 해결하기 복잡하다면 직접 주사위를 굴려 규칙을 찾고 원리를 이해할 수 있도록 합니다.

1 (1) • 처음에 윗면에 있는 눈의 수가 1이므로 마주 보는 면(바닥에 있는 면)에 있는 눈의 수는 6입니다. 주사위를 직선 방향(I형)으로 두 번 굴리면 처음 바닥에 있던 면이 윗면이 됩니다. 따라서 두 번 굴렸을 때 주사위의 윗면에 있는 눈의 수는 6입니다.

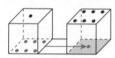

• 주사위를 직선 방향으로 4번 굴리면 윗면이 처음과 같습니다. 따라서 4번 굴렸을 때 주사위의 윗면에 있는 눈의 수는 1입니다.

(2) 주사위를 화살표 방향(L형)으로 굴리면 옆면이 윗면이 됩니다.

• ⌐ 방향(L형)으로 굴리면 오른쪽 옆면이 윗면이 됩니다. 따라서 주사위의 윗면에 있는 눈의 수는 3입니다.

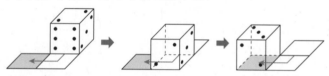

• ⌐ 방향(L형)으로 굴리면 왼쪽 옆면이 윗면이 됩니다. 따라서 주사위의 윗면에 있는 눈의 수는 4입니다.

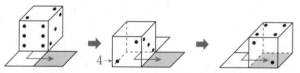

(3) 주사위를 ⌐ 방향(U형)으로 굴리면 주사위의 윗면이 처음과 같습니다. 처음 주사위의 윗면에 있는 눈의 수가 5이므로 색칠한 곳까지 굴렸을 때 주사위의 윗면에 있는 눈의 수도 5입니다.

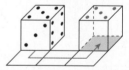 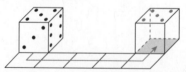

(4) 처음에 윗면의 눈의 수가 3이므로 마주 보는 면(바닥에 있는 면)에 있는 눈의 수는 4입니다. 주사위를 화살표 방향(N형)으로 굴리면 처음 바닥에 있던 면이 윗면이 됩니다. 따라서 색칠한 곳까지 굴렸을 때 주사위의 윗면에 있는 눈의 수는 4입니다.

해결 전략
주사위를 굴린 후의 눈의 수를 생각하고, 여러 번 굴렸을 때 주사위 눈의 수의 규칙을 찾아봅니다.

보충 개념
주사위를 옆으로 계속 굴리면 앞면과 뒷면에 있는 눈의 수는 변하지 않습니다.
마찬가지로 주사위를 앞 또는 뒤로 계속 굴리면 옆면에 있는 눈의 수는 변하지 않습니다.

주의
다른 면의 눈의 수는 생각하지 않고 옆면의 눈의 수만 생각해 봅니다.

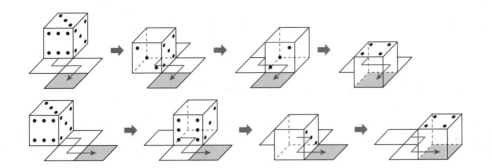

최상위 사고력 ① 주사위를 직선 방향(I형)으로 4번 굴리면 처음과 놓인 방향이 같으므로 가에 놓이는 주사위는 오른쪽과 같습니다.

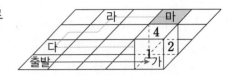

② 주사위를 앞으로 굴리면 앞면이 윗면이 되고 직선 방향(I형)으로 4번 굴리면 처음과 놓인 방향이 같으므로 나, 다에 놓이는 주사위는 오른쪽과 같습니다.

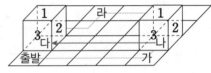

③ 다에서 주사위를 ⌐↑ 방향(N형)으로 굴리면 처음 바닥에 있던 면이 윗면이 되므로 라에 놓인 주사위의 윗면에 적힌 수는 6입니다.

④ 주사위를 직선 방향(I형)으로 두 번 굴리면 처음 바닥에 있던 면이 윗면이 되므로 색칠한 곳에 놓이는 주사위의 윗면에 있는 수는 1입니다.

최상위 사고력

88~89쪽

1 40

2 $12+14\times\blacksquare$

3 5

4 ⑤, ⑨, ⑬

---

1 눈의 수를 모르는 네 면의 눈의 수를 각각 ㉠, ㉡, ㉢, ㉣이라 하면, 각 점에 모이는 세 면의 눈의 수의 합은 다음과 같습니다.

(점 ㄱ에 모이는 세 면의 눈의 수의 합)$=3+㉠+㉡$
(점 ㄴ에 모이는 세 면의 눈의 수의 합)$=3+㉡+㉢$
(점 ㄷ에 모이는 세 면의 눈의 수의 합)$=3+㉢+㉣$
(점 ㄹ에 모이는 세 면의 눈의 수의 합)$=3+㉣+㉠$

눈의 수가 3인 면과 마주 보는 면에 있는 눈의 수인 4를 제외하면
$㉠+㉡+㉢+㉣=1+2+5+6=14$입니다.
따라서 점 ㄱ, 점 ㄴ, 점 ㄷ, 점 ㄹ에 각각 모이는 세 면의 눈의 수의 합을 모두 더한 값은
$3+㉠+㉡+3+㉡+㉢+3+㉢+㉣+3+㉣+㉠$
$=3\times4+(㉠+㉡+㉢+㉣)\times2=3\times4+14\times2=40$입니다.

> **해결 전략**
> 점 ㄱ, 점 ㄴ, 점 ㄷ, 점 ㄹ에서 모이는 세 면을 생각합니다.

> **보충 개념**
> 주사위에서 서로 마주 보는 면에 있는 눈의 수의 합이 7이므로 눈의 수가 3인 면과 마주 보는 면에 있는 눈의 수는 4입니다.
>
>

2 한 줄로 붙여 만든 ■개의 주사위에서 양끝의 주사위 2개는 한 면이 맞닿아 있고 나머지 주사위 (■−2)개는 서로 마주 보는 2개의 면이 맞닿아 있습니다.

해결 전략
한 면이 맞닿아 있는 주사위와 마주 보는 2개의 면이 맞닿아 있는 주사위의 눈의 수를 구합니다.

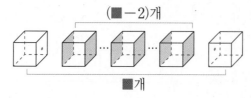

겉면에 있는 눈의 수의 합이 가장 크려면 맞닿은 면에 있는 눈의 수는 최소가 되어야 하므로 양끝의 주사위 2개에서 맞닿은 면에 있는 눈의 수는 1입니다. 나머지 주사위 (■−2)개에서 각 주사위의 맞닿은 면은 서로 마주 보는 면이므로 맞닿은 두 면에 있는 눈의 수의 합은 각각 7입니다.

주사위 1개의 모든 겉면에 있는 눈의 수의 합은 21이므로 바닥 면을 포함하여 겉면에 있는 눈의 수의 합이 가장 클 때의 값은

$(21-1) \times 2 + (21-7) \times (■-2) = 20 \times 2 + 14 \times (■-2) = 40 + 14 \times ■ - 28 = 12 + 14 \times ■$입니다.

3 ① 오른쪽 앞에 있는 주사위에서 눈의 수가 2인 면과 마주 보는 면의 눈의 수는 5입니다. 또한 눈의 수가 5인 면과 맞닿은 면에 있는 눈의 수는 3이고 눈의 수가 3인 면과 마주 보는 면에 있는 눈의 수는 4, 눈의 수가 2인 면과 마주 보는 면에 있는 눈의 수는 5입니다.

해결 전략
오른쪽 앞에 있는 주사위부터 서로 맞닿은 면에 있는 눈의 수의 합이 8인 조건을 이용하여 알 수 있는 주사위 면의 수를 구합니다.

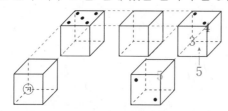

② 오른쪽 뒤에 있는 주사위의 왼쪽 옆면에 있는 눈의 수는 1 또는 6입니다. 왼쪽 옆면에 있는 눈의 수가 1인 경우 서로 맞닿은 면에 있는 수의 합이 8이 될 수 없으므로 왼쪽 옆면에 알맞은 눈의 수는 6입니다.

보충 개념
서로 맞닿은 면에 있는 눈의 수의 합이 8이 되려면 눈의 수가 1인 면과 맞닿은 면에 있는 눈의 수가 7이어야 합니다. 주사위의 눈의 수는 1부터 6까지 있으므로 눈의 수가 7일 수 없습니다.

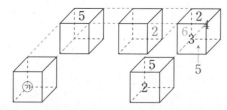

③ 오른쪽 뒤에 있는 주사위에서 눈의 수가 6인 면과 맞닿은 면에 있는 눈의 수는 2이고, 눈의 수가 2인 면과 마주 보는 면에 있는 눈의 수는 5입니다. 또한 눈의 수가 5인 면과 맞닿은 면에 있는 눈의 수는 3, 눈의 수가 3인 면과 마주 보는 면에 있는 눈의 수는 4입니다.

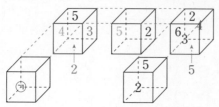

④ 왼쪽 뒤에 있는 주사위의 앞면에 있는 눈의 수는 1 또는 6입니다. 앞면의 눈의 수가 1인 경우 서로 맞닿은 면에 있는 수의 합이 8이 될 수 없으므로 앞면의 눈의 수는 6이고, 눈의 수가 6인 면과 맞닿은 면에 있는 눈의 수는 2입니다. 따라서 ㉠은 눈의 수가 2인 면과 마주 보는 면이므로 ㉠의 눈의 수는 5입니다.

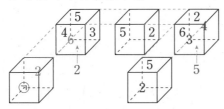

4 주사위를 굴린 방향을 다음과 같이 나누어 생각해 봅니다.
- 주사위를 직선 방향(I형)으로 두 번 굴리면 처음 바닥에 있던 면이 윗면이 되므로 ②번 칸에 놓이는 주사위의 윗면에 있는 눈의 수는 5입니다.

- ②번 칸에서 주사위를 ↱ 방향(N형)으로 굴리면 처음 바닥에 있던 면이 윗면이 되므로 ⑤번 칸에 놓이는 주사위의 윗면에 있는 눈의 수는 2입니다.

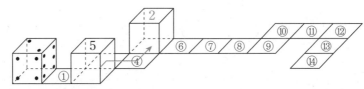

- ⑤번 칸에서 직선 방향(I형)으로 4번 굴리면 윗면이 처음과 같으므로 ⑨번 칸에 놓이는 주사위의 윗면에 있는 눈의 수는 2입니다.

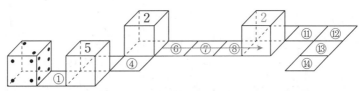

- ⑨번 칸에서 주사위를 ↴ 방향(U형)으로 굴리면 주사위의 윗면이 처음과 같으므로 ⑬번 칸에 놓이는 주사위의 윗면에 있는 눈의 수는 2입니다.

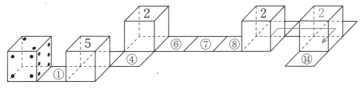

따라서 주사위의 윗면이 처음과 같은 칸을 모두 찾아 번호를 쓰면 ⑤, ⑨, ⑬입니다.

10-1. 선분의 길이와 각의 크기

1 (1) 45° (2) 90° (3) 60°

2 8개

최상위
사고력 24개

저자 톡! 이 단원에서는 정육면체의 두 꼭짓점을 이어 그을 수 있는 선분의 길이와 세 꼭짓점을 이어 만들어지는 각의 크기를 구해 보고, 선분을 이어 만든 도형과 합동인 도형을 모두 찾아봅니다. 정육면체의 꼭짓점을 이어 만든 선분 중에서 정육면체의 대각선을 이용해야 하는 문제도 있습니다. 정육면체의 모서리나 면에만 선분을 그을 수 있는 것이 아니므로 이번 기회에 정육면체의 특징을 깊이 있게 탐구해 보도록 합니다.

1 (1) 정육면체의 밑면 ㅁㅂㅅㅇ에서 모서리 ㅂㅅ과 모서리 ㅅㅇ의 길이는 같고, 각 ㅂㅅㅇ의 크기는 90°입니다.
따라서 삼각형 ㅇㅂㅅ은 직각이등변삼각형이므로 각 ㅂㅇㅅ의 크기는 45°입니다.

(2) 정육면체에서 면 ㄴㅂㅅㄷ과 면 ㅁㅂㅅㅇ이 수직으로 만나므로 선분 ㄴㅅ과 모서리 ㅅㅇ도 수직으로 만납니다.
따라서 각 ㄴㅅㅇ의 크기는 90°입니다.

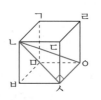

(3) 정육면체의 각 면은 서로 합동인 정사각형이므로 각 면의 대각선의 길이는 모두 같습니다.
따라서 삼각형 ㄱㅂㅇ은 정삼각형이므로 각 ㄱㅂㅇ의 크기는 60°입니다.

> **해결 전략**
> 정육면체의 각 면은 정사각형이고, 면과 면이 만나서 생기는 각의 크기는 90°입니다.

> **보충 개념**
> • 직각이등변삼각형
>

2 주어진 삼각형 ㄱㅂㅇ은 면 ㄱㅁㅇㄹ, 면 ㄴㅂㅁㄱ, 면 ㅁㅂㅅㅇ의 대각선을 각각 한 변으로 하는 정삼각형이고, 이때 세 면은 정육면체의 한 점 ㅁ에서 만납니다. 즉 정육면체의 한 점에서 만나는 세 면의 대각선을 연결하면 주어진 삼각형 ㄱㅂㅇ과 합동인 삼각형을 그릴 수 있습니다. 정육면체의 꼭짓점은 모두 8개이므로 삼각형 ㄱㅂㅇ과 합동인 삼각형은 삼각형 ㄱㅂㅇ을 포함하여 모두 8개 그릴 수 있습니다.

> **해결 전략**
> 주어진 삼각형의 세 변이 각각 정육면체의 어느 면에 있는지 생각해 봅니다.

> **보충 개념**
> 정육면체의 각 면은 서로 합동인 정사각형이므로 각 면의 대각선의 길이는 모두 같습니다.

> **참고**
> 꼭짓점을 이어 그릴 수 있는 정삼각형은 다음과 같이 모두 8개입니다.
>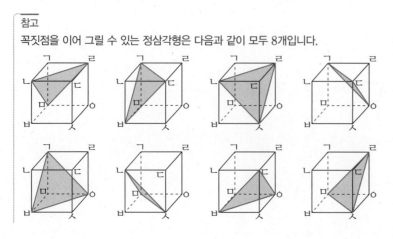

주어진 삼각형 ㄱㅂㅅ은 정육면체의 한 모서리, 정육면체의 한 면의 대각선, 정육면체의 대각선을 각각 한 변으로 하는 직각삼각형입니다. 모서리 ㅂㅅ을 한 변으로 하는 삼각형 중 주어진 삼각형 ㄱㅂㅅ과 합동인 삼각형은 삼각형 ㄹㅂㅅ입니다.

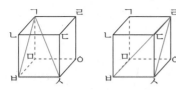

같은 방법으로 생각하면, 한 모서리를 한 변으로 하는 삼각형 중 ㄱㅂㅅ과 합동인 삼각형은 2개씩 있습니다. 정육면체의 모서리는 모두 12개이므로 삼각형 ㄱㅂㅅ과 합동인 삼각형은 삼각형 ㄱㅂㅅ을 포함하여 모두 $2 \times 12 = 24$(개) 그릴 수 있습니다.

다른 풀이
주어진 삼각형 ㄱㅂㅅ은 정육면체의 한 모서리, 정육면체의 한 면의 대각선, 정육면체의 대각선을 각각 한 변으로 하는 직각삼각형입니다. 정육면체의 한 면의 대각선 ㄱㅂ을 한 변으로 하는 삼각형 중 삼각형 ㄱㅂㅅ과 합동인 삼각형은 삼각형 ㅂㄱㄹ입니다.

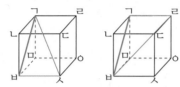

같은 방법으로 생각하면, 한 면의 대각선을 한 변으로 하는 삼각형 중 ㄱㅂㅅ과 합동인 삼각형은 2개씩 있습니다. 정육면체의 한 면에는 대각선이 2개씩 있고 정육면체의 면은 모두 6개이므로 정육면체의 각 면에 그릴 수 있는 대각선은 모두 $2 \times 6 = 12$(개)입니다. 따라서 삼각형 ㄱㅂㅅ과 합동인 삼각형은 삼각형 ㄱㅂㅅ을 포함하여 모두 $2 \times 12 = 24$(개) 그릴 수 있습니다.

10-2. 정육면체의 단면

1 예

정삼각형

정삼각형이 아닌
이등변삼각형

정사각형

정사각형이 아닌
직사각형

직사각형이 아닌
사다리꼴

정사각형이 아닌
마름모

정육각형

최상위
사고력 예 정육면체를 자른 단면이 정육면체의 면 6개를 지나면 단면의 변의 개수가 최소 6개가 됩니다. 이때 칠각형, 즉 변의 개수가 7개인 단면을 만들려면 면 6개와 모서리 1개를 동시에 지나야 하는데 이러한 방법으로 단면을 만들 수 없습니다. 따라서 정육면체를 자른 단면이 칠각형이 될 수 없습니다.

저자 특! 입체도형을 평면으로 잘랐을 때 생기는 면을 단면이라고 합니다. 이 단원에서는 정육면체를 잘라 나올 수 있는 단면의 모양과 나올 수 없는 단면의 모양을 구분해 봅니다. 머릿속으로 해결하기 힘들다면 주변에서 구하기 쉬운 구체물인 지우개 등을 이용하여 직접 잘라 확인해 보아도 됩니다.

1

정삼각형

단면이 세 변의 길이가 모두 같은 삼각형이 되도록 그립니다.

정삼각형이 아닌
이등변삼각형

단면이 세 변 중 두 변의 길이가 같은 삼각형이 되도록 그립니다.

정육면체의 각 면은 정사각형이므로 밑면과 평행하게 잘린 단면은 정사각형입니다.

정사각형

단면이 네 각이 모두 직각이고 네 변의 길이가 모두 같은 사각형이 되도록 그립니다.

정사각형이 아닌
직사각형

단면이 네 각이 모두 직각이고 네 변의 길이가 모두 같지 않은 사각형이 되도록 그립니다.

직사각형이 아닌
사다리꼴

단면이 평행한 변이 한 쌍이라도 있고 네 각 중 적어도 하나는 직각이 아닌 사각형이 되도록 그립니다.

정사각형이 아닌
마름모

네 변의 길이가 모두 같고 네 각이 모두 직각이 아닌 사각형이 되도록 그립니다.

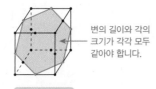

변의 길이와 각의 크기가 각각 모두 같아야 합니다.

정육각형

단면이 정육면체의 6개의 면을 지나는 6개의 선분으로 둘러싸인 육각형이 되도록 그립니다.
이외에도 여러 가지 방법으로 그릴 수 있습니다.

다른 답

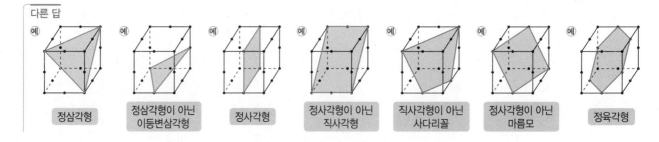

예) 정삼각형 예) 정삼각형이 아닌 이등변삼각형 예) 정사각형 예) 정사각형이 아닌 직사각형 예) 직사각형이 아닌 사다리꼴 예) 정사각형이 아닌 마름모 예) 정육각형

<u>최상위</u>
사고력 정육면체를 자른 단면이 정육면체의 면 ■개를 지나면 단면의 변의 개수가 최소 ■개가 됩니다.

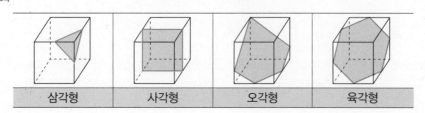

| 삼각형 | 사각형 | 오각형 | 육각형 |

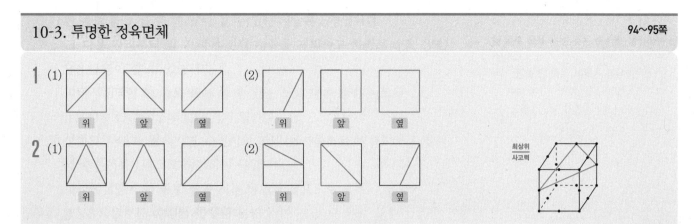

저자 톡! 이 단원에서는 투명한 정육면체에 있는 선분을 위, 앞, 오른쪽 옆에서 선이 어떻게 보이는지 알아봅니다. 투명한 정육면체이므로 위에서 보면 윗면과 아랫면이 겹쳐 보이고, 앞에서 보면 앞면과 뒷면이 겹쳐 보이고, 오른쪽 옆에서 보면 오른쪽 옆면과 왼쪽 옆면이 겹쳐 보입니다. 또 모서리를 따라 그린 선은 다른 면에서 볼 때 모서리 또는 점으로 보이는 경우가 있으므로 주의하여 문제를 해결해 봅니다.

1 (1)

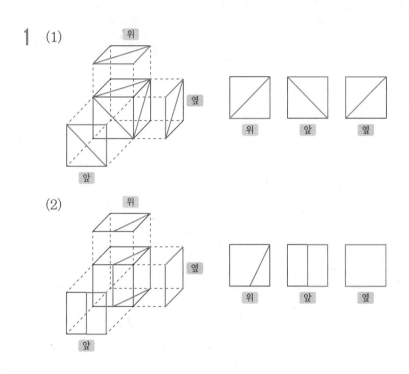

보충 개념

앞에서 보면 앞면과 윗면의 모양이 겹쳐 보이고 옆면, 윗면, 아랫면에 그은 선은 각각 정육면체의 모서리에 나타납니다.

(2)

2 (1)

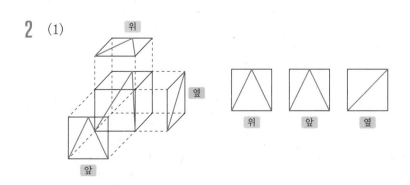

(2)

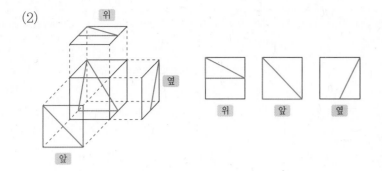

최상위 사고력 정육면체를 위, 앞, 옆에서 본 모양이 주어진 대로 나올 수 있는 여러 가지 경우를 생각해 봅니다. 투명한 정육면체 안에 각 파란색 선분 위의 점 중 한 점을 한 꼭짓점으로 하는 삼각형이 그려지는 경우 위, 앞, 옆에서 본 모양이 주어진 대로 나옵니다.

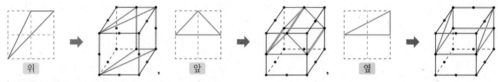

정육면체 안을 지나는 선은 파란색 선분 3개가 겹치는 점을 지납니다. 따라서 파란색 선분 3개가 겹치는 점 3개를 찾아 그 점을 꼭짓점으로 하는 삼각형을 그립니다.

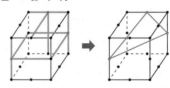

---

1 6가지

2 ㉡, ㉢

3 60°

4 (1) 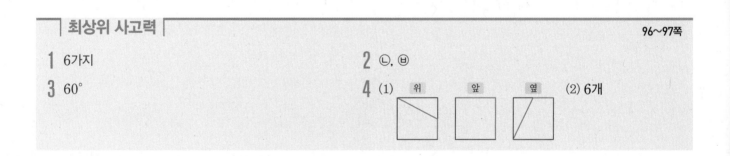 (2) 6개

---

1 색칠된 사각형은 정육면체에서 서로 마주 보는 두 면의 대각선을 지납니다. 정육면체에서 마주 보는 면은 3쌍이고, 마주 보는 한 쌍의 면마다 정육면체를 주어진 정육면체와 합동인 단면으로 자르는 방법이 각각 2가지씩 있습니다. 따라서 자른 단면이 색칠한 사각형과 합동이 되도록 정육면체를 자르는 방법은 다음과 같이 모두 6가지입니다.

해결 전략
정사각형의 대각선은 2개입니다.

최상위 사고력 5B **94**

2 ⓛ 다음과 같이 자른 단면이 정육면체의 면 3개를 지나면 단면의 모양이 삼각형이 됩니다.

해결 전략
정육면체의 면은 6개이므로 정육면체를 잘랐을 때 생기는 단면의 모양은 삼각형, 사각형, 오각형, 육각형입니다.

이때 한 각의 크기가 90° 이상인 직각삼각형이나 둔각삼각형은 생길 수 없습니다.

ⓑ 정육면체를 잘랐을 때 생기는 단면 중 변의 개수가 가장 많은 모양은 육각형입니다. 따라서 변의 개수가 8개인 팔각형은 단면의 모양이 될 수 없습니다.

따라서 정육면체를 잘랐을 때 단면의 모양이 될 수 없는 것은 ⓛ, ⓑ입니다.

참고

　ⓖ　　　ⓒ　　　ⓔ　　　ⓜ

3 주어진 전개도를 접어 점 ㄱ, 점 ㄴ, 점 ㄷ을 연결하는 선을 그으면 오른쪽과 같습니다.

해결 전략
전개도를 접었을 때 삼각형 ㄱㄴㄷ은 어떤 삼각형인지 생각해 봅니다.

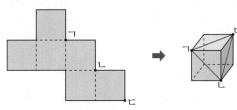

정육면체의 면은 모두 합동인 정사각형이므로 선분 ㄱㄴ, 선분 ㄴㄷ, 선분 ㄱㄷ의 길이는 모두 같습니다.

따라서 삼각형 ㄱㄴㄷ은 정삼각형이므로 각 ㄱㄴㄷ의 크기는 60°입니다.

4 (1)

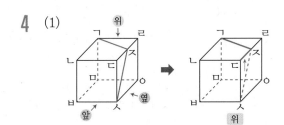

위에서 보면 선분 ㄱㅈ은 그대로 보이고 선분 ㅈㅅ은 선분 ㅈㄷ으로 보입니다.

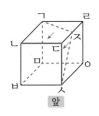

앞에서 보면 선분 ㄱㅈ은 모서리 ㄴㄷ, 선분 ㅈㅅ은 모서리 ㄷㅅ으로 보입니다.

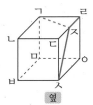

옆에서 보면 선분 ㄱㅈ은 선분 ㄹㅈ으로 보이고 선분 ㅈㅅ은 그대로 보입니다.

(2) 정육면체의 점 ㄱ과 점 ㅅ을 잇는 가장 짧은 선은 전개도에서 선분 ㄷㄹ의 한가운데를 지납니다.

위와 같이 2개의 면을 지나도록 선을 그으면 점 ㄱ과 점 ㅅ을 잇는 가장 짧은 선은 모두 6개 그을 수 있습니다.

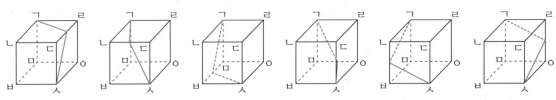

11-1. 직육면체 만들기   98~99쪽

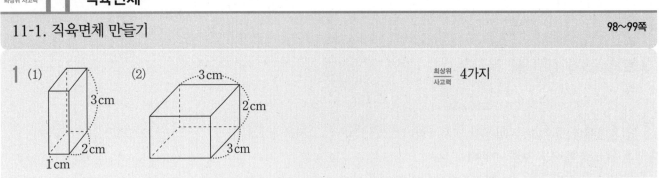

최상위 사고력 **4가지**

저자 톡! 직육면체에는 길이가 같은 모서리가 4개씩 3종류가 있습니다. 이 단원에서는 이것을 응용·확장하여 주어진 직사각형 6개를 이어 붙여 직육면체를 만들 수 있는지 없는지를 알아봅니다. 직육면체의 면을 이루는 6개의 직사각형의 변과 직육면체의 모서리의 길이 관계를 생각하며 문제를 해결할 수 있도록 합니다.

1 (1) 한 꼭짓점에서 만나는 세 모서리의 길이가 서로 다른 직육면체를 생
각해 봅니다.

보충 개념
직육면체에서 서로 마주 보는 면(3쌍)은 평행하고 서로 합동입니다.

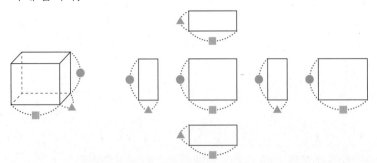

주어진 직사각형을 길이가 같은 변끼리 만나도록 하면 한 꼭짓점에
서 만나는 세 모서리의 길이가 각각 3 cm, 2 cm, 1 cm인 직육면체
를 만들 수 있습니다.

(2) 한 꼭짓점에서 만나는 세 모서리의 길이 중 두 모서리의 길이만 같은
   직육면체를 생각해 봅니다.

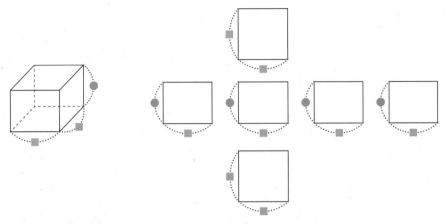

주어진 직사각형을 길이가 같은 변끼리 만나도록 하면 한 꼭짓점에
서 만나는 세 모서리의 길이가 각각 3 cm, 3 cm, 2 cm인 직육면체
를 만들 수 있습니다.

직육면체의 모서리가 될 수 있는 변의 길이는 2 cm, 3 cm, 4 cm입니다.
직육면체는 한 꼭짓점에서 만나는 세 모서리의 길이가 모두 같은 경우,
한 꼭짓점에서 만나는 세 모서리의 길이 중 두 모서리의 길이만 같은 경
우, 한 꼭짓점에서 만나는 세 모서리의 길이가 모두 다른 경우가 있습니
다.

① 세 모서리의 길이가 모두 같은 경우:
   라 6개 사용: (3 cm, 3 cm, 3 cm)
   ➡ 1가지

② 두 모서리의 길이만 같은 경우:
   가 4개, 라 2개 사용: (3 cm, 3 cm, 4 cm),
   다 4개, 라 2개 사용: (2 cm, 3 cm, 3 cm)
   ➡ 2가지

③ 세 모서리의 길이가 모두 다른 경우:
   가 2개, 나 2개, 다 2개 사용: (2 cm, 3 cm, 4 cm)
   ➡ 1가지

따라서 서로 다른 모양의 직육면체는 모두 1+2+1=4(가지) 만들 수
있습니다.

해결 전략
직육면체는 길이가 같은 모서리가 4개씩
3종류가 있습니다.

보충 개념
직육면체의 두 모서리의 길이가 같은 경우
마주 보는 두 면이 정사각형 1쌍인 경우가
반드시 있어야 합니다. 따라서 정사각형 라
2개는 반드시 있어야 합니다.

| 1 7개, 5개 | 2 4가지 | 최상위 사고력 4가지 |

저자 톡! 이 단원에서는 정육면체가 아닌 직육면체의 전개도에 대해서 학습합니다. 전개도의 기본 원리는 정육면체와 같지만 전개도의 종류는 정육면체의 전개도보다 다양합니다. 다양한 방법으로 직육면체의 전개도를 그려 보도록 합니다.

1 주어진 전개도에서 두 개의 면이 맞닿아 있는 모서리(점선)는 5개이므로 자르지 않아야 하는 모서리는 5개입니다. 직육면체의 모서리는 12개이므로 잘라야 하는 모서리는 12-5=7(개)입니다.

> **해결 전략**
> 전개도에서 점선은 두 개의 면이 붙어 있는 모서리로, 전개도를 만들 때 자르지 않아야 하는 모서리입니다.

2 전개도를 접었을 때 만나는 모서리의 길이가 같고, 마주 보는 면의 모양이 같으며, 두 면이 서로 겹치지 않게 면 하나를 더 그리면 다음과 같습니다.

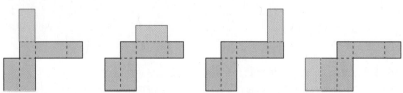

따라서 전개도를 만들 수 있는 방법은 4가지입니다.

> **해결 전략**
> 가로 1 cm, 세로 2 cm인 한 면을 전개도 둘레에 붙여 보며 직육면체의 전개도가 되는지 알아봅니다.

최상위 사고력 주어진 모눈종이에 더 그려 넣어야 하는 3개의 면은 (1 cm, 3 cm)인 면 2개, (1 cm, 2 cm)인 면 1개입니다.

주어진 전개도 일부의 양 옆에는 어떠한 면도 붙일 수 없으므로 위쪽에 면이 3개, 2개, 1개 붙은 경우로 각각 나누어 구합니다.

① 위쪽에 면이 3개 붙은 경우: 1가지

> **해결 전략**
> 모눈종이에 그려진 전개도는 (3 cm, 2 cm)인 면 2개와 (2 cm, 1 cm)인 면 1개입니다.

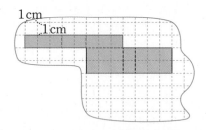

② 위쪽에 면이 2개 붙은 경우: 3가지

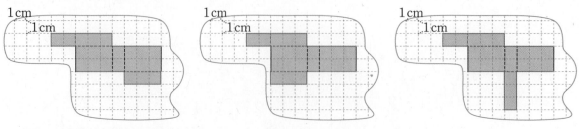

③ 위쪽에 면이 1개 붙은 경우: 없음

따라서 직육면체의 전개도를 완성할 수 있는 방법은 모두 4가지입니다.

1 (1) 28 cm, 24 cm, 26 cm   (2) 예   , 22 cm

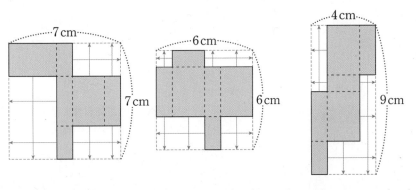

최상위 사고력 (1) 46 cm   (2) 56 cm

저자 톡! 직육면체의 전개도는 여러 가지 모양으로 그릴 수 있습니다. 이 단원에서는 직육면체의 전개도 중에서 전개도의 둘레가 가장 긴 경우와 가장 짧은 경우를 구하는 방법을 학습합니다. 여러 가지 직육면체의 전개도를 관찰하면서 전개도 사이의 공통점을 찾아보고, 각 면이 어떻게 놓여 있을 때 전개도의 둘레가 길어지거나 짧아지는지 알아봅니다.

1 (1) 전개도의 선분을 이동하여 직사각형을 만든 후 직사각형의 둘레를 구합니다.
     └ (가로+세로)×2

> **보충 개념**
> 직육면체의 전개도에서 선분을 이동하여 직사각형을 만들어도 둘레는 변하지 않습니다.

$7 \times 4 = 28$(cm) $6 \times 4 = 24$(cm) $(4+9) \times 2 = 26$(cm)

(2) 전개도에서 길이가 짧은 선분이 최대한 많이 전개도의 둘레에 오도록 해야 직육면체 전개도의 둘레가 짧아지므로 길이가 긴 변을 최대한 많이 이어 붙입니다.
따라서 길이가 3 cm 변이 3군데 붙어 있고, 길이가 2 cm 변이 2군데 붙어 있도록 전개도를 그리면 전개도의 둘레는 22 cm입니다.

최상위 사고력 전개도에서 길이가 긴 모서리가 최대한 많이 전개도의 둘레에 오도록 해야 직육면체의 전개도의 둘레가 가장 길어집니다. 즉 잘리지 않은 모서리의 길이의 합이 가장 작게 되도록 합니다.

(1) 전개도의 둘레가 가장 길 때는 잘리지 않은 모서리 5개의 길이가 (1 cm, 1 cm, 1 cm, 3 cm, 3 cm)일 때입니다.
➡ $(4+3+1) \times 8 - (1+1+1+3+3) \times 2 = 46$(cm)

(2) 전개도의 둘레가 가장 길 때는 잘리지 않은 모서리 5개의 길이가 (2 cm, 2 cm, 2 cm, 3 cm, 3 cm)일 때입니다.
➡ $(3+2+5) \times 8 - (2+2+2+3+3) \times 2 = 56$(cm)

> **해결 전략**
> 잘리지 않은 모서리 5개의 길이를 생각해 봅니다.

> **보충 개념**
> (전개도의 둘레)
> =(모든 면의 둘레의 합)
>   −(잘리지 않은 모서리의 합)×2

1 예

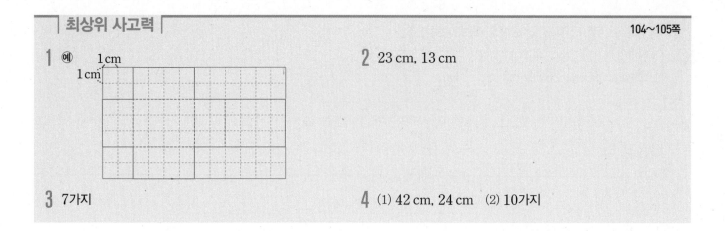

2 23 cm, 13 cm

3 7가지

4 (1) 42 cm, 24 cm (2) 10가지

---

1 모눈종이의 크기는 가로 12 cm, 세로 7 cm입니다.
주어진 모눈종이 안에 전개도를 그리려면 길이가 (4 cm, 3 cm),
(2 cm, 3 cm)인 면들이 가로로 나란히 놓여야 합니다.

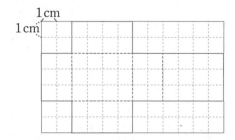

해결 전략
제한된 크기의 모눈종이에서 한 모서리의
길이가 4 cm인 면을 세워서 그릴지 눕혀서
그릴지 생각해 봅니다.

다른 답
예

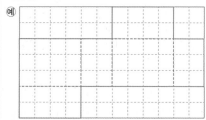

해결 전략
선분 ㄱㄴ에 변의 길이가 같은 것과 다른 것
이 몇 개씩 있는지 살펴봅니다.

2 주어진 정육면체의 전개도처럼 직육면체의 전개도를 그리면 선분 ㄱㄴ
은 길이가 같은 변 3개와 길이가 다른 변 2개로 만들어집니다.

• 선분 ㄱㄴ이 가장 길 때는 6 cm인 변 3개, 4 cm인 변 1개, 1 cm인
변 1개로 이루어져 있습니다.

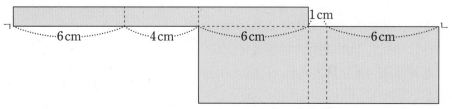

➡ (선분 ㄱㄴ이 가장 길 때의 길이)$=6 \times 3 + 1 + 4 = 23$(cm)

• 선분 ㄱㄴ이 가장 짧을 때는 1 cm인 변 3개, 6 cm인 변 1개, 4 cm인
변 1개로 이루어져 있습니다.

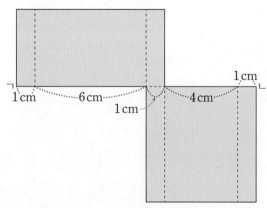

보충 개념
• 한 꼭짓점에서 만나는 세 모서리의 길이가
  1 cm, 4 cm, 6 cm인 직육면체의 겨냥도
예

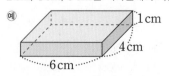

➡ (선분 ㄱㄴ이 가장 짧을 때의 길이)$=1 \times 3 + 4 + 6 = 13$(cm)

3 $6=6\times1=3\times2=2\times3=1\times6$이므로 가로 3 cm, 세로 2 cm, 높이 1 cm인 직육면체를 6개씩 1층, 3개씩 2층, 2개씩 3층 또는 1개씩 6층으로 붙일 수 있습니다.

㉠ 6개씩 1층으로 붙이는 경우

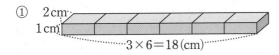
① 2 cm 1 cm $3\times6=18(cm)$

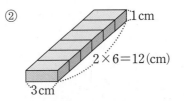
② 1 cm $2\times6=12(cm)$ 3 cm

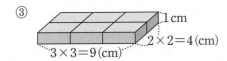
③ 1 cm $2\times2=4(cm)$ $3\times3=9(cm)$

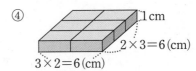
④ 1 cm $2\times3=6(cm)$ $3\times2=6(cm)$

㉡ 3개씩 2층으로 붙이는 경우

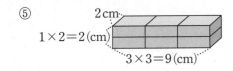
⑤ 2 cm $1\times2=2(cm)$ $3\times3=9(cm)$

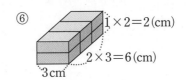
⑥ $1\times2=2(cm)$ $2\times3=6(cm)$ 3 cm

㉢ 2개씩 3층으로 붙이는 경우

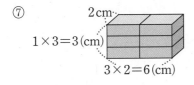
⑦ 2 cm $1\times3=3(cm)$ $3\times2=6(cm)$

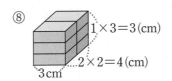
⑧ $1\times3=3(cm)$ $2\times2=4(cm)$ 3 cm

㉣ 1개씩 6층으로 붙이는 경우

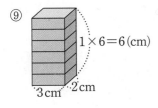
⑨ $1\times6=6(cm)$ 3 cm 2 cm

이때 ⑥, ⑦, ⑨는 모양이 같습니다.
따라서 주어진 직육면체 6개를 붙여 서로 다른 모양의 직육면체를 만드는 방법은 모두 7가지입니다.

4 (1) 잘리지 않은 모서리의 길이의 합이 작을수록 전개도의 둘레가 길고, 잘리지 않은 모서리의 길이의 합이 클수록 전개도의 둘레가 짧습니다.
① 전개도의 둘레가 가장 길 때는 잘리지 않은 모서리 5개의 길이가 (1 cm, 1 cm, 1 cm, 2 cm, 2 cm)일 때입니다.
➡ $(1+2+4)\times8-(1+1+1+2+2)\times2=42(cm)$

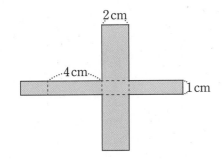
2 cm
4 cm
1 cm

> **해결 전략**
> (직육면체 전개도의 둘레)
> =(모든 면의 둘레의 합)
> ─(잘리지 않은 모서리의 합)$\times2$

> **보충 개념**
> 직육면체의 전개도를 만들 때 잘리지 않은 모서리는 5개입니다.

② 전개도의 둘레가 가장 짧을 때는 잘리지 않은 모서리 5개의 길이
가 (4 cm, 4 cm, 4 cm, 2 cm, 2 cm)일 때입니다.
➡ $(1+2+4) \times 8 - (4+4+4+2+2) \times 2 = 24$(cm)

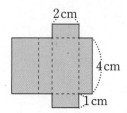

(2) 직육면체의 전개도의 둘레는 잘리지 않은 모서리의 길이에 의해 정
해지므로 잘리지 않은 모서리의 길이의 합을 구해 봅니다.

① 잘리지 않은 모서리의 길이가 3군데 같은 경우
(4 cm, 4 cm, 4 cm, 2 cm, 2 cm) ➡ 16 cm,
(4 cm, 4 cm, 4 cm, 2 cm, 1 cm) ➡ 15 cm,
(4 cm, 4 cm, 4 cm, 1 cm, 1 cm) ➡ 14 cm,
(2 cm, 2 cm, 2 cm, 4 cm, 4 cm) ➡ 14 cm,
(2 cm, 2 cm, 2 cm, 4 cm, 1 cm) ➡ 11 cm,
(2 cm, 2 cm, 2 cm, 1 cm, 1 cm) ➡ 8 cm,
(1 cm, 1 cm, 1 cm, 4 cm, 4 cm) ➡ 11 cm,
(1 cm, 1 cm, 1 cm, 4 cm, 2 cm) ➡ 9 cm,
(1 cm, 1 cm, 1 cm, 2 cm, 2 cm) ➡ 7 cm

② 잘리지 않은 모서리의 길이가 2군데 같은 경우
(4 cm, 4 cm, 2 cm, 2 cm, 1 cm) ➡ 13 cm,
(4 cm, 4 cm, 1 cm, 1 cm, 2 cm) ➡ 12 cm,
(2 cm, 2 cm, 1 cm, 1 cm, 4 cm) ➡ 10 cm

따라서 잘리지 않은 모서리의 길이의 합이 될 수 있는 경우는
7 cm, 8 cm, 9 cm, 10 cm, 11 cm, 12 cm, 13 cm, 14 cm, 15 cm,
16 cm로 10가지이므로 직육면체의 전개도의 둘레가 될 수 있는 길이는
모두 10가지입니다.

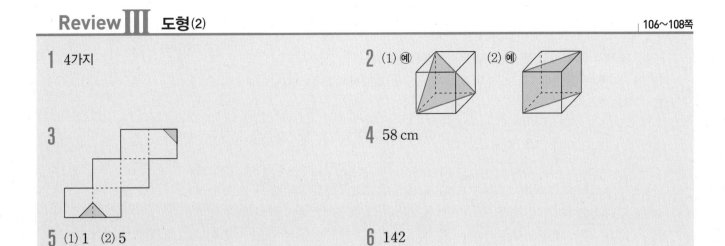

1 4가지

2 (1) 예 (2) 예

4 58 cm

5 (1) 1 (2) 5

6 142

---

1 정사각형 1개를 주어진 전개도의 둘레에 붙여 보며 정육면체의 전개도가 되는 경우를 찾습니다.

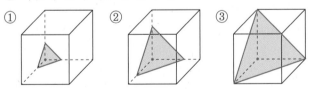

따라서 만들 수 있는 정육면체의 전개도는 모두 4가지입니다.

2 (1) 정육면체를 평면으로 자른 단면이 정삼각형이 되도록 자르려면 정육면체의 한 꼭짓점에서 만나는 세 개의 면을 다음과 같이 자르면 됩니다.

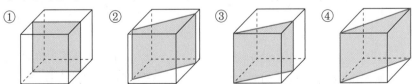

단면이 한 꼭짓점에서 만나는 세 면의 대각선을 지나도록 잘라야 가장 큰 정삼각형이 나옵니다.

따라서 ③과 같이 자르면 넓이가 가장 큰 정삼각형을 만들 수 있습니다.

(2) 정육면체를 평면으로 자른 단면이 직사각형이 되도록 자르려면 다음과 같이 자르면 됩니다.

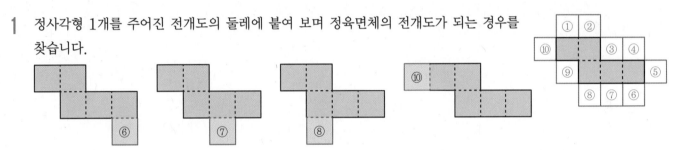

단면이 마주 보는 두 면의 대각선과 두 모서리를 각각 지나도록 잘라야 서로 마주 보는 두 변의 길이가 가장 길게 됩니다.

따라서 ④와 같이 자르면 넓이가 가장 큰 직사각형을 만들 수 있습니다.

이외에도 여러 가지 답이 있습니다.

3 주어진 정육면체는 한 꼭짓점을 중심으로 세 면에 그려진 직각삼각형의 직각 부분이 한 꼭짓점에 모인 모양입니다.

주어진 전개도를 접었을 때 점 ㉠과 만나는 점은 ㉠′입니다.

따라서 점 ㉠′에 직각삼각형의 직각 부분이 오도록 직각삼각형을 그립니다.

해결 전략
전개도에서 2개의 색칠된 삼각형과 만나는 점을 찾아봅니다.

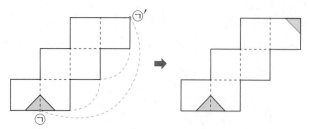

4 직육면체의 겨냥도는 다음과 같습니다.

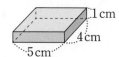

아래와 같이 가장 짧은 변(1 cm)이 3군데, 그 다음으로 짧은 변(4 cm)이 2군데 붙어 있도록 전개도를 자르면 전개도의 둘레가 가장 깁니다.

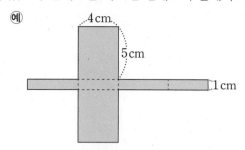

예

(전개도의 둘레)＝(모든 면의 둘레의 합)
　　　　　　－(잘리지 않은 모서리의 합)×2

따라서 전개도의 둘레가 가장 길 때의 길이는

$(1+4+5)×8-(1+1+1+4+4)×2=58$ (cm)입니다.

해결 전략
잘리지 않은 모서리의 길이의 합이 짧을수록 전개도의 둘레가 길어집니다.

보충 개념
전개도를 만들 때 잘리지 않은 모서리는 5개입니다.

다른 풀이
그린 전개도의 변을 옮겨 직사각형을 만든 후 직사각형의 둘레를 구할 수도 있습니다.
➡ $(18+11)×2=58$ (cm)

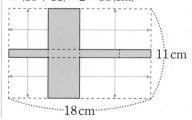

5 (1) 주사위를 뒤로 4번 굴리면 처음과 같은 모양으로 놓입니다. 또한 오른쪽으로 4번 굴려도 처음과 같은 모양으로 놓입니다. 따라서 5번 굴리면 처음 모양의 왼쪽 옆면이 윗면이 되므로 윗면에 있는 눈의 수는 1이 됩니다.

(2) 주사위를 오른쪽, 앞쪽, 오른쪽으로 한 번씩 굴리면 ⌐ 방향(N형)으로 굴려집니다. 따라서 처음 바닥에 있던 면이 윗면이 되므로 윗면에 있는 눈의 수는 5가 됩니다.

해결 전략
주사위 이동의 규칙 유형인 I형과 N형을 이용합니다.

보충 개념
마주 보는 면에 있는 눈의 수의 합이 7이므로 주사위에서 안보이는 면은 다음과 같습니다.

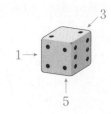

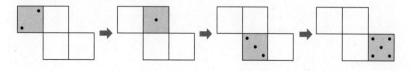

6

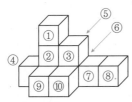

해결 전략
주사위의 겉면 중 서로 마주 보는 두 면에
있는 눈의 수의 합은 7로, 겉면 중 서로 마
주 보는 면이 없는 면에 있는 눈의 수를 가
장 큰 수로 생각합니다.

겉면에 있는 눈의 수를 최대한 크게 하고 마주 보는 면의 눈의 수의 합이
7임을 이용하여 겉면에 있는 눈의 수의 합을 구합니다. 각 주사위의 겉
면의 개수와 겉면에 있는 눈의 수의 합은 다음과 같습니다.

주사위	겉면의 개수	겉면에 있는 눈의 수의 합
①	5	7+7+6=20
②	3	7+6=13
③	4	7+6+5=18
④	4	7+6+5=18
⑤	1	6
⑥	1	6
⑦	3	7+6=13
⑧	4	7+6+5=18
⑨	3	6+5+4=15
⑩	3	6+5+4=15

겉면 중 마주 보는 면이 2쌍,
남은 겉면의 눈의 수는
가장 큰 수인 6

따라서 겉면에 있는 눈의 수의 합이 가장 클 때는

$$20+18\times3+15\times2+13\times2+6\times2=20+54+30+26+12$$
$$=142입니다.$$

IV 확률과 통계

이 단원에서는 규칙과 문제 해결 영역에서 다루는 주제들을 학습합니다.

12 경우의 수에서는 나뭇가지 그림을 그리거나 순서쌍을 이용하여 경우의 수를 찾는 방법을 학습하고 더 나아가 식을 사용하여 경우의 수를 구해 봅니다.

13 비둘기집의 원리에서는 가장 운이 좋은 경우와 나쁜 경우를 이해하며 다양한 상황 속에서 비둘기집의 원리가 어떻게 이용되는지 살펴봅니다.

14 패리티에서는 홀수와 짝수의 성질을 사칙연산식에서 살펴보고, 동전 뒤집기, 타일 덮기 등의 재미있는 상황 속에서 그 성질이 어떻게 이용되는지 알아봅니다.

15 평균에서는 복잡한 계산식을 평균을 이용하여 간단히 구하는 방법을 알아보고, 평균을 구하는 식을 세우거나 그림을 그려 문제를 해결하는 방법을 알아봅니다.

최상위 사고력 **12** 경우의 수

12-1. 합의 법칙과 곱의 법칙   110~111쪽

1 (1) 7가지 (2) 12   **2** 32가지   최상위 사고력 (1) 12 (2) 15

저자 톡! 어떤 두 사건에 대한 경우의 수를 구할 때 두 사건이 동시에 일어나느냐, 동시에 일어나지 않느냐에 중점을 두어 가짓수를 구할 수 있습니다. '합의 법칙, 곱의 법칙'으로 불리는 이 법칙은 우리 생활 속에서도 자주 사용됩니다. 두 법칙의 차이점을 이해하여 여러 상황에서 정확히 사용해 봅시다.

---

1 (1) 파란 공을 ㉠, ㉡, ㉢, ㉣, 노란 공을 ㉤, ㉥, ㉦이라 하면 파란 공이 나오거나 노란 공이 나오는 경우는 ㉠, ㉡, ㉢, ㉣, ㉤, ㉥, ㉦이 나오는 경우로 모두 7가지입니다.

(2) 나뭇가지 그림을 그려 찾아봅니다.

따라서 상자 안에서 파란 공과 노란 공을 각각 1개씩 꺼내는 경우의 수는 12입니다.

> **다른 풀이**
> 합의 법칙과 곱의 법칙을 이용합니다.
> (1) 공 1개를 꺼낼 때 파란 공을 꺼내는 것과 노란 공을 꺼내는 것은 동시에 일어나는 사건이
> 아니므로 합의 법칙을 이용합니다.
> (파란 공이 나오**거나** 노란 공이 나오는 경우의 수)
> =(파란 공이 나오는 경우의 수)+(노란 공이 나오는 경우의 수)
> =4+3=7

> **보충 개념**
> 사건: 같은 조건 아래에서 반복하여 시행할 수 있는 실험이나 관찰을 통해 얻어지는 결과
> ㉔ 한 개의 동전을 던질 때
> '그림면이 나온다.', '숫자면이 나온다.' 등

> **보충 개념**
> 사건 ㉠과 사건 ㉡이 동시에 일어난다는 것은 두 사건이 같은 시간에 일어나는 것만을 뜻하는 것이 아니라 사건 ㉠이 일어나는 각각의 경우에 대하여 사건 ㉡이 일어난다는 뜻이기도 합니다. 즉 사건 ㉠과 사건 ㉡이 모두 일어난다는 뜻입니다.

⑵ 공 2개를 꺼낼 때 파란 공과 노란 공을 각각 1개씩 꺼내는 것은 동시에 일어나는 사건이
  므로 곱의 법칙을 이용합니다.
  (파란 공과 노란 공을 각각 1개씩 꺼내는 경우)
  ＝(파란 공이 나오는 경우의 수)×(노란 공이 나오는 경우의 수)＝4×3＝12

2 합격을 ◯, 불합격을 ×로 표시하여 알아봅니다.

해결 전략
나뭇가지 그림을 그려 구해 봅니다.

① 채은이가 합격하는 경우

채은   지솔   유정   라준   은새

➡ 16가지

② 채은이가 불합격하는 경우는 ①의 경우와 마찬가지로 16가지가 있습니다.
따라서 나올 수 있는 시험 결과는 모두 16＋16＝32(가지)입니다.

다른 풀이
5명의 시험 결과는 동시에 일어나는 것이므로 곱의 법칙을 이용합니다.
5명의 시험 결과는 합격, 불합격으로 각각 2가지가 있으므로 모두 2×2×2×2×2＝32(가지)입니다.

최상위 사고력 (1) ㉮에서 ㉯로 가는 경우의 수: 4, ㉯에서 ㉰로 가는 경우의 수: 3
두 가지 방법은 이어서 일어나는 경우이므로 곱의 법칙을 이용하면
모두 4×3＝12입니다.

(2) ① ㉮에서 ㉯를 거쳐 ㉰까지 가는 경우의 수

해결 전략
㉮에서 ㉰까지 가는 경우의 수는
• ㉮에서 ㉯를 거쳐 ㉰까지 가는 경우의 수
• ㉮에서 ㉯를 거치지 않고 ㉰까지 바로 가
  는 경우의 수
가 있습니다.

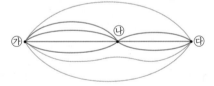

이어서 일어나는 경우이므로 곱의 법칙을 이용하면
4×3＝12입니다.

② ㉮에서 ㉯를 거치지 않고 ㉰까지 바로 가는 경우의 수

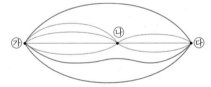

이어서 일어나는 경우가 아니므로 합의 법칙을 이용하면
1＋1＋1＝3입니다.

①, ②의 경우는 동시에 일어나는 경우가 아니므로 합의 법칙을 이용
하면 ㉮에서 ㉰까지 가는 경우의 수는 모두 12＋3＝15입니다.

1 (1) ①

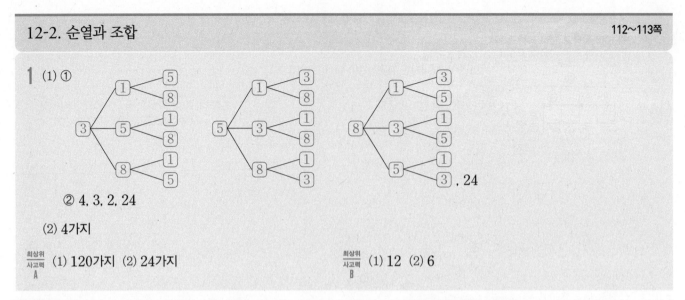

② 4, 3, 2, 24

(2) **4가지**

최상위
사고력
A
(1) **120가지** (2) **24가지**

최상위
사고력
B
(1) **12** (2) **6**

저자톡! 초등 교과 과정에서 경우의 수를 구하는 문제는 나뭇가지 그림 또는 순서쌍을 이용하여 해결합니다. 그러나 이 단원에서는 앞에서 배운 합의 법칙과 곱의 법칙을 기초로 하여 식으로 나타내어 구하는 방법을 학습합니다. 순열과 조합으로 잘 알려진 이 방법은 나뭇가지 그림이나 순서쌍을 이용하여 경우의 수를 구하는 방법과 비교하면 매우 편리한 방법입니다. 서로 다른 공 □개 중에서 몇 개를 뽑을 때 뽑은 순서를 고려해 가짓수를 구하는 것이 순열, 뽑은 순서는 고려하지 않아도 되는 것이 조합입니다. 순열과 조합의 차이를 정확히 구별하고 그 계산 공식이 나오게 된 원리를 파악할 수 있도록 합니다.

1 (1) ① 백의 자리, 십의 자리, 일의 자리 순서로 작은 수부터 넣어 빠짐없이 구해 봅니다.

② (만들 수 있는 세 자리 수의 개수)

= (백의 자리에 놓은 숫자 카드의 개수)

× (십의 자리에 놓은 숫자 카드의 개수) × (일의 자리에 놓은 숫자 카드의 개수)
└─ 백의 자리에 놓은 숫자 카드 제외   └─ 백, 십의 자리에 놓은 숫자 카드 제외

= 4 × 3 × 2 = 24(개)

> **보충 개념**
> 서로 다른 숫자가 적힌 숫자 카드 ■장으로 만든 수의 개수
> • (2장을 뽑아 만들 수 있는 두 자리 자연수의 개수) = ■ × (■ − 1)
> • (3장을 뽑아 만들 수 있는 세 자리 자연수의 개수) = ■ × (■ − 1) × (■ − 2)

(2) (3장의 숫자 카드를 뽑는 방법의 가짓수)

= (첫째로 뽑는 숫자 카드의 개수)

× (둘째로 뽑는 숫자 카드의 개수) × (셋째로 뽑는 숫자 카드의 개수)
└─ 첫째로 뽑은 숫자 카드 제외   └─ 첫째, 둘째로 뽑은 숫자 카드 제외

÷ (뽑은 3장의 숫자 카드를 늘어놓는 경우의 가짓수)

= 4 × 3 × 2 ÷ 6 = 4(가지)

> **해결 전략**
> 뽑은 순서를 생각하지 않아도 되는 문제입니다.

> **보충 개념**
> 4장의 숫자 카드 1, 2, 3, 4 에서 1, 2, 3 을 뽑았을 때 1, 2, 3 을 늘어놓는 경우는
> 1 2 3, 1 3 2, 2 1 3, 2 3 1, 3 1 2, 3 2 1 로 모두 6가지입니다.

최상위
사고력
A
(1) 한 줄로 줄을 설 때 맨 앞에 설 수 있는 사람은 5명입니다.

그 다음 자리부터 앞 자리에 섰던 사람을 제외하고 차례로 4명, 3명, 2명, 1명이 설 수 있습니다.

따라서 5명이 한 줄로 줄을 설 수 있는 서로 다른 방법은 모두 $5 \times 4 \times 3 \times 2 \times 1 = 120$(가지)입니다.

(2) 상미의 자리가 정해지면 수진이의 자리는 자동으로 정해지므로 상미와 수진이를 1명으로 생각하여 구합니다.

따라서 4명이 한 줄로 줄을 서는 방법과 같으므로 모두 $4 \times 3 \times 2 \times 1 = 24$(가지)입니다.

> **보충 개념**
> 한 줄로 줄을 서는 것은 순서를 생각하는 문제입니다.
> ➡ ■명을 한 줄로 세우는 경우의 수
> $= ■ \times (■-1) \times (■-2)$
> $\times \cdots \times 2 \times 1$

최상위
사고력
B
(1) 회장 1명, 부회장 1명을 뽑는 경우는 순서를 생각해야 하는 경우입니다.

(회장 1명, 부회장 1명을 뽑는 경우의 수)
$=$(회장 1명을 뽑는 경우의 수) $\times$ (부회장 1명을 뽑는 경우의 수)
                        └── 회장으로 뽑힌 사람 제외
$= 4 \times 3 = 12$

(2) 회장 2명을 뽑는 경우는 순서를 생각하지 않는 경우입니다.

따라서 (1)에서 뽑힌 두 명의 순서가 바뀐 경우는 같은 경우이므로 회장 2명을 뽑는 경우의 수는 $4 \times 3 \div (2 \times 1) = 6$입니다.

> **해결 전략**
> 2명을 뽑을 때 뽑은 순서를 생각해야 하는지, 생각하지 않아도 되는지를 따져 봅니다.

> **보충 개념**
> 회장 2명을 뽑는 경우
> (동휘, 영환)을 뽑은 경우와 (영환, 동휘)를 뽑은 경우는 같습니다.

12-3. 공정한 게임

114~115쪽

1 (1) ③ (2) ②　　　　　　　　　　　　　**2** 가

최상위
사고력
(1) 진우, 이유 예 주사위를 던져서 나오는 모든 경우 36가지 중 진우가 점수를 얻는 경우는 $6+10+8=24$(번)이고, 현서가 점수를 얻는 경우는 $6+4+2=12$(번)이므로 진우에게 더 유리한 게임입니다.

(2) 예 ② 던져서 나온 주사위 눈의 차가 1, 2이면 진우가 1점을 얻습니다.

    ③ 던져서 나온 주사위 눈의 차가 0, 3, 4, 5이면 현서가 1점을 얻습니다.

저자 톡! 공정(公正)이란 '어느 쪽으로도 치우치지 않고 고르며 올바르다'는 뜻입니다. 이 단원에서는 여러 가지 사건 중에서 일어날 가능성이 높은 사건을 찾아보고, 주어진 게임이 공정한지, 공정하지 않은지를 판단해 봅니다. 공정한지, 공정하지 않은지를 판단할 때에는 일어날 수 있는 경우를 모두 살펴 판단해야 합니다.

1 (1) ① 1, 3, 5 ➡ 3가지　② 5, 6 ➡ 2가지　③ 1, 2, 3, 6 ➡ 4가지

따라서 가능성이 가장 높은 경우는 ③입니다.

(2) ① (💯, 💯) ➡ 1가지

   ② (💯, 🪙), (🪙, 💯) ➡ 2가지

   ③ (🪙, 🪙) ➡ 1가지

따라서 가능성이 가장 높은 경우는 ②입니다.

> **해결 전략**
> 가능성이 높다는 것은 나올 수 있는 경우가 많다는 것입니다.

2 동시에 화살을 쏘는 것이므로 나올 수 있는 모든 경우는 곱의 법칙을 이용하면 $3 \times 3 = 9$(가지)입니다.

가와 나에 맞힌 화살에 적힌 수를 (가, 나)로 나타내면

➡ ②, 1), (2,③), (2,⑨), (⑤, 1), (⑤, 3), (5,⑨), (⑥, 1), (⑥, 3), (6,⑨)입니다.

가 과녁판을 선택할 때 이길 수 있는 경우는 5가지, 나 과녁판을 선택할 때 이길 수 있는 경우는 4가지입니다.

따라서 가 과녁판을 선택하는 것이 이길 가능성이 더 높습니다.

> **다른 풀이**
>
> 화살이 수를 맞혔을 때 더 큰 수가 적힌 과녁판을 표로 나타내면 오른쪽과 같습니다. 가 과녁판을 선택하는 것이 이길 가능성은 5가지, 나 과녁판을 선택하는 것이 이길 가능성은 4가지이므로 가 과녁판을 선택하는 것이 이길 가능성이 더 높습니다.
>
> | 나 과녁판의 수 \ 가 과녁판의 수 | 2 | 5 | 6 |
> |---|---|---|---|
> | 1 | 가 | 가 | 가 |
> | 3 | 나 | 가 | 가 |
> | 9 | 나 | 나 | 나 |

최상위 사고력 (1) 두 사람이 각각 주사위를 1개씩 던졌을 때 나오는 모든 경우를 찾아 주사위의 두 눈의 차를 나타내면 왼쪽과 같고 각각의 차가 몇 번 나오는지 나타내면 오른쪽과 같습니다.

주사위를 던졌을 때 나오는 모든 경우

현서의 주사위의 눈 \ 진우의 주사위의 눈	1	2	3	4	5	6
1	0	1	2	3	4	5
2	1	0	1	2	3	4
3	2	1	0	1	2	3
4	3	2	1	0	1	2
5	4	3	2	1	0	1
6	5	4	3	2	1	0

주사위 두 눈의 차

	진우			현서		
점수의 차(점)	0	1	2	3	4	5
횟수(번)	6	10	8	6	4	2

24번   12번

나오는 모든 경우 36가지 중 진우가 점수를 얻는 경우는 $6 + 10 + 8 = 24$(번)이고, 현서가 점수를 얻는 경우는 $6 + 4 + 2 = 12$(번)이므로 진우에게 더 유리한 게임입니다.

(2) 게임이 공정하려면 점수를 얻을 수 있는 횟수가 $36 \div 2 = 18$(번)으로 같아야 합니다.

따라서 다음과 같은 방법 중 한 가지로 규칙을 바꾸면 공정한 게임이 됩니다.

예 **방법1** ② 던져서 나온 주사위 눈의 차가 1, 2이면 진우가 1점을 얻습니다.

③ 던져서 나온 주사위 눈의 차가 0, 3, 4, 5이면 현서가 1점을 얻습니다.

방법2 ② 던져서 나온 주사위 눈의 차가 0, 1, 5이면 진우가 1점을 얻습니다.

③ 던져서 나온 주사위 눈의 차가 2, 3, 4이면 현서가 1점을 얻습니다.

방법3 ② 던져서 나온 주사위 눈의 차가 1, 3, 5이면 진우가 1점을 얻습니다.

③ 던져서 나온 주사위 눈의 차가 0, 2, 4이면 현서가 1점을 얻습니다.

┃ 최상위 사고력 116~117쪽

1 다른 색 구슬인 경우   **2** 120가지

3 20개   **4** 360개

1 주머니 안에 있는 5개의 구슬 중에서 2개의 구슬을 꺼내는 경우는 순서를 생각하지 않는 경우입니다.

따라서 꺼낸 2개의 구슬의 순서가 바뀐 경우는 같은 경우이므로 2개의 구슬을 꺼내는 경우의 수는

$(5 \times 4) \div (2 \times 1) = 10$입니다.

이 중에서 구슬 색깔이 서로 다른 경우는 파란색 구슬 3개에서 1개를 꺼내고, 빨간색 구슬 2개에서 1개를 꺼내는 경우입니다. 두 경우는 동시에 일어나는 것이므로 곱의 법칙을 이용하면 $3 \times 2 = 6$입니다.

따라서 같은 색 구슬이 나오는 경우의 수는 $10 - 6 = 4$이므로 다른 색 구슬이 나올 가능성이 더 높습니다.

> **다른 풀이 1**
> 구슬 색깔이 서로 같은 경우는 파란색 구슬 3개에서 2개를 꺼내거나 빨간색 구슬 2개에서 2개를 꺼내는 경우입니다. 파란색 구슬 2개를 꺼내는 경우의 수는 $3 \times 2 \div (2 \times 1) = 3$이고, 빨간색 구슬 2개를 꺼내는 경우의 수는 $2 \times 1 \div (2 \times 1) = 1$입니다. 따라서 같은 색 구슬이 나오는 경우의 수는 $3 + 1 = 4$이고, 다른 색 구슬이 나오는 경우의 수는 $10 - 4 = 6$이므로 다른 색 구슬이 나올 가능성이 더 높습니다.

> **다른 풀이 2**
> 파란색 구슬을 각각 가, 나, 다, 빨간색 구슬을 각각 ㉠, ㉡이라 하면
> • 같은 색 구슬이 나오는 경우: (가, 나), (가, 다), (나, 다), (㉠, ㉡) ➡ 4가지
> • 다른 색 구슬이 나오는 경우: (가, ㉠), (가, ㉡), (나, ㉠), (나, ㉡), (다, ㉠), (다, ㉡) ➡ 6가지
> 따라서 다른 색 구슬이 나올 가능성이 더 높습니다.

2 가, 나, 다, 라, 마 5개의 글자는 ①, ②, ③, ④, ⑤ 5개의 자리에 각각 1개씩 가게 되므로

가, 나, 다, 라, 마를 순서대로 줄을 세우는 경우와 같습니다.

따라서 모두 $5 \times 4 \times 3 \times 2 \times 1 = 120$(가지)의 다른 결과가 나옵니다.

> **다른 풀이**
> 나뭇가지 그림을 그려 보면 가가 ①의 자리에 가는 경우는 오른쪽과 같이 24가지입니다.
>
>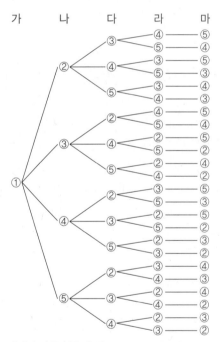
>
> 가는 ①, ②, ③, ④, ⑤ 5개의 자리에 갈 수 있고 각 경우마다 24가지씩 다른 경우가 있으므로 모두 $5 \times 24 = 120$(가지)의 다른 결과가 나옵니다.

3 만들 수 있는 삼각형의 개수는 6개의 점 중에서 3개의 점을 선택하는 방법의 가짓수와 같습니다.

(만들 수 있는 삼각형의 개수)

= (6개의 점 중에서 3개의 점을 선택하는 방법의 가짓수)

÷ (3개의 점을 선택한 순서의 가짓수)

$= 6 \times 5 \times 4 \div (3 \times 2 \times 1) = 20$(개)

> **해결 전략**
> 점 3개를 고를 때 순서는 상관없습니다.
>
>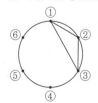
>
> (①, ②, ③) = (①, ③, ②) = (②, ①, ③)
> = (②, ③, ①) = (③, ①, ②) = (③, ②, ①)

4 ① 옆으로 뒤집었을 때 처음과 같은 글자가 되는 자음

ㅁ, ㅂ, ㅅ, ㅇ, ㅈ, ㅊ, ㅍ, ㅎ ➡ 8개

② 옆으로 뒤집었을 때 처음과 같은 글자가 되는 모음

ㅗ, ㅛ, ㅜ, ㅠ, ㅡ ➡ 5개

따라서 옆으로 뒤집어도 처음과 같은 글자는 받침이 없는 경우에
$8 \times 5 = 40$(개), 받침이 있는 경우에 $8 \times 5 \times 8 = 320$(개)이므로 모두
$40 + 320 = 360$(개)입니다.

최상위 사고력 13 비둘기집의 원리

13-1. 최선과 최악   118~119쪽

1 최소 2짝, 최대 5짝   2 10번

최상위 사고력 (1) 15개 (2) 10개

저자 톡! 우리는 일상 생활 속에서 운이 작용하는 일을 자주 겪습니다. 예를 들어 서랍 안을 보지 않고 양말을 꺼낼 때 운이 좋은 경우 한 번에 같은 짝을 꺼낼 수도 있고, 운이 나쁜 경우 여러 번의 시행착오 끝에 같은 짝을 꺼낼 수도 있습니다. 이 단원에서는 아무리 운이 작용하는 일이라도 수학적이고 논리적으로 가장 운이 나쁜 경우를 대비하는 방법에 대해 탐구합니다. 우리 주변에서 쉽게 접할 수 있는 내용을 문제로 제시한 것이므로 그 상황을 실제로 해결한다는 마음으로 풀어 보고 수학의 유용성을 느낄 수 있도록 합니다.

1 가장 운이 좋은 경우는 양말의 색깔에 관계없이 같은 색 양말을 연속하여 2번만에 꺼내는 경우입니다.
가장 운이 나쁜 경우는 4가지 색깔의 양말을 1짝씩 모두 꺼낸 후 5번째에 4가지 색깔의 양말 중 한 가지 색깔의 양말을 꺼내는 것입니다.
따라서 같은 색 양말 한 켤레가 나오도록 꺼내려면 최소 2짝,
최대 $4 + 1 = 5$(짝)을 꺼내야 합니다.

해결 전략
최소로 양말을 꺼내는 경우는 가장 운이 좋은 경우이고, 최대로 양말을 꺼내는 경우는 가장 운이 나쁜 경우입니다.

2 가장 운이 나쁜 경우는 첫 번째 열쇠가 5개의 자물쇠 중 마지막 1개 남은 자물쇠의 열쇠임을 알게되는 경우입니다.
따라서 열쇠를 4번 자물쇠에 꽂아 보면 됩니다.
이와 같이 생각하면 두 번째 열쇠는 3번, 세 번째 열쇠는 2번, 네 번째 열쇠는 1번 자물쇠에 꽂아 보면 됩니다.
따라서 모든 자물쇠에 맞는 열쇠를 모두 찾으려면 적어도 자물쇠를
$4 + 3 + 2 + 1 = 10$(번) 꽂아 보면 됩니다.

해결 전략
'적어도'가 들어간 문제는 가장 운이 나쁜 경우를 생각해야 합니다.

주의
첫 번째 열쇠의 자물쇠를 찾을 때 가장 운이 나쁜 경우에는 5개의 자물쇠를 모두 꽂아 봐야 한다고 생각하기 쉽습니다. 그러나 4개의 자물쇠에 꽂아 보았을 때 맞지 않았다면 이 열쇠의 짝은 마지막 자물쇠가 됩니다.
따라서 첫 번째 열쇠의 자물쇠를 찾기 위해 4번 꽂아 보는 것입니다.

최상위 사고력 (1) 흰색 구슬과 검은색 구슬이 각각 몇 개씩 있는지 모르지만 합하여
18−(5+5+5)=3(개) 있습니다. 노란색 구슬 2개를 꺼내는데 가
장 운이 나쁜 경우는 노란색을 제외한 다른 색 구슬을 모두 꺼낸 후
노란색 구슬 2개를 꺼내는 경우입니다. 따라서 빨간색 구슬 5개, 파란
색 구슬 5개, 흰색 구슬과 검은색 구슬을 합하여 3개를 꺼낸 후 남은 노
란색 구슬 2개를 꺼내려면 적어도 5+5+3+2=15(개)의 구슬을 꺼
내야 합니다.

(2) 가장 운이 나쁜 경우는 빨간색, 노란색, 파란색 구슬을 각각 2개씩 꺼
내고, 흰색 또는 검은색 구슬을 3개 꺼낸 후 남은 구슬 중 1개를 더
꺼내는 경우입니다. 이때 흰색 또는 검은색 구슬은 합하여 3개이므로
모두 뽑아도 같은 색 구슬 3개가 나올 수 없습니다.
따라서 같은 색 구슬 3개를 반드시 뽑으려면 적어도
2+2+2+3+1=10(개)의 구슬을 꺼내야 합니다.

13-2. 생일이 같은 사람
120~121쪽

1 731명

최상위 사고력 A 85명

2 (1) 34명 (2) 58명 (3) 2명

최상위 사고력 B 7명

저자 톡! 3개의 비둘기집에 4마리의 비둘기가 들어간다고 할 때, 한 개의 비둘기집에는 적어도 2마리의 비둘기가 들어간다는 것이 '비둘기집의 원리'입니다. '비둘기집의 원리'는 너무 당연하고 단순한 개념처럼 보이지만 어렵고 복잡해 보이는 수학 문제를 푸는 데 중요한 열쇠로 사용됩니다. 우리에게 친숙한 '생일'을 소재로 비둘기집의 원리가 어떻게 사용되는지 살펴보고, 앞에서 다루었던 운이 가장 나쁜 경우와는 어떤 관계가 있는지도 생각해 봅니다.

1 어떤 모임에서 생일이 같은 사람이 3명 있으려면 365일 매일 생일이 같은 사람이 2명씩 있고, 한 명이 더 있으면 적어도 생일이 같은 사람이 3명 있게 됩니다.
따라서 생일이 같은 사람이 3명 있으려면 사람은 적어도
365×2+1=731(명) 있어야 합니다.

2 (1) 1년은 1월부터 12월까지 열두 달이므로 400명의 생일이 모든 달에 고르게 있다고 할 때 400÷12=33…4로 각 달에 생일이 같은 사람이 33명씩 있고 4명이 남습니다. 남은 4명이 열두 달 중 네 달에 골고루 흩어져 있더라도 희재네 마을에 생일이 같은 달인 사람은 적어도 33+1=34(명)이 있게 됩니다.

(2) 1주일은 월요일부터 일요일까지 7일이므로 400명의 생일이 모든 요일에 고르게 있다고 할 때 400÷7=57…1로 각 요일에 생일이 같은 사람이 57명씩 있고 1명이 남습니다.
따라서 희재네 마을에 생일이 같은 요일인 사람은 적어도
57+1=58(명)입니다.

해결 전략 '적어도'가 들어간 문제는 가장 운이 나쁜 경우를 생각해야 합니다.

해결 전략 (1)에서는 색이 정해졌지만 (2)에서는 색이 정해지지 않았습니다. 마찬가지로 '적어도'가 들어간 문제는 가장 운이 나쁜 경우를 생각해야 합니다.

해결 전략 생일이 같은 달인 사람이 없는 경우는 생일이 1월, 2월……12월인 사람이 각각 1명씩인 경우입니다.

해결 전략 '적어도 몇 명'을 묻는 문제는 가장 운이 나쁜 경우(사람이 가장 적은 경우)를 생각해야 합니다. 사람이 가장 적은 경우는 생일이 각 달, 각 요일, 각 날에 골고루 흩어져 있을 때입니다.

(3) 1년은 365일이므로 400명의 생일이 매일 고르게 있다고 할 때 $400 \div 365 = 1 \cdots 35$이므로 매일 생일인 사람은 한 명씩있고, 35명 이 남습니다. 남은 35명이 365일 중 35일에 골고루 흩어져 있더라 도 희재네 마을에 생일이 같은 날인 사람은 적어도 $1+1=2$(명)이 있게 됩니다.

^{최상위}
사고력
A 1년은 열두 달입니다. 생일이 같은 달인 학생이 반드시 8명 있으려면 각 달에 생일인 사람이 7명씩 있고, 1명이 더 있으면 적어도 한 개의 달에 는 생일이 같은 학생이 8명이 됩니다.

따라서 적어도 $12 \times 7 + 1 = 85$(명)의 모둠원을 뽑아야 합니다.

해결 전략
'적어도'가 들어간 문제는 가장 운이 나쁜 경우를 생각하는 경우로 사람들의 생일이 각 달에 골고루 흩어져 있을 때입니다.

보충 개념
■가지의 종류가 있을 때 같은 종류 2개를 뽑으려면 적어도 (■＋1)개를 뽑아야 합니다. 또 같은 종류 3개를 뽑으려면 적어도 (■×2＋1)개를 뽑아야 합니다.

^{최상위}
사고력
B 교림이네 초등학교의 모든 학생들이 2010년부터 2015년까지 6년에 걸 쳐 태어났으므로 태어난 년도와 달이 될 수 있는 서로 다른 경우는 모두 $6 \times 12 = 72$(가지)입니다.

전체 학생 수는 500명이고 $500 \div 72 = 6 \cdots 68$이므로 같은 해의 같은 달에 태어난 학생은 6명씩이고, 68명이 남습니다. 남은 68명이 72가지의 서로 다른 년도와 달에 골고루 흩어져 있더라도 같은 해의 같은 달에 태어 난 학생은 적어도 $6+1=7$(명)이 있게 됩니다.

해결 전략
2010년 1월부터 2015년 12월까지의 총 72개월을 72개의 비둘기 집으로 500명을 비둘기로 생각하여 비둘기집의 원리를 이용 합니다.

13-3. 비둘기집의 원리 활용

122~123쪽

1 (1) 4명 (2) 31명

^{최상위}
사고력
A 22명

^{최상위}
사고력
B 3개

저자 톡! 이 단원에서는 비둘기집의 원리가 적용되는 여러 가지 문제를 풀어 봅니다. 처음에는 각 문제가 비둘기집의 원리를 이용하는 문제 인지 판단하기 어렵겠지만 문제에서 '비둘기집'과 '비둘기'를 의미하는 것을 정확히 찾는 연습을 하다보면 익숙하게 문제를 해결할 수 있을 것입 니다. 더 나아가 비둘기집의 원리를 이용하여 풀 수 있는 다양한 문제들을 스스로 더 찾아보고 탐구해 봅니다.

1 (1) 숫자 카드 1, 3, 6으로 만들 수 있는 세 자리 수는 $3 \times 2 \times 1 = 6$(개)입니다. 만들 수 있는 세 자리 수 6개를 비둘기집 으로, 학생 수 20명을 비둘기로 생각하여 비둘기집의 원리를 이용하 면 $20 \div 6 = 3 \cdots 2$이므로 같은 세 자리 수를 만든 학생은 적어도 $3+1=4$(명)입니다.

(2) 가장 운이 나쁜 경우는 학생들이 6개의 세 자리 수를 5명씩 골고루 같게 만든 후, 다른 1명이 6개의 세 자리 수 중 1개를 만드는 것입니 다. 따라서 만든 세 자리 수가 같은 학생이 6명은 있으려면 적어도 $5 \times 6 + 1 = 31$(명)의 학생이 세 자리 수를 만들어야 합니다.

해결 전략
만들 수 있는 세 자리 수를 비둘기집으로 학 생 수를 비둘기로 생각하여 '비둘기집의 원 리'를 이용합니다.

해결 전략
'적어도'가 들어간 문제는 가장 운이 나쁜 경우를 생각하는 경우로 학생들이 6개의 세 자리 수를 골고루 만드는 것입니다.

20문항이므로 학생들이 받을 수 있는 점수는 0점, 5점, 10점, 15점, ……, 95점, 100점으로 모두 21가지입니다.

따라서 어떤 경우에도 점수가 같은 학생이 2명이 있으려면 시험을 본 학생은 적어도 $21+1=22$(명)입니다.

정사각형 안의 네 수의 합은 최소 $1+1+1+1=4$, 최대 $3+3+3+3=12$이므로 네 수의 합이 될 수 있는 경우는 4부터 12까지 모두 9가지입니다.

또 모눈판에서 4칸짜리 정사각형은 모두 $5\times5=25$(개) 선택할 수 있습니다.

따라서 정사각형 안의 네 수의 합이 될 수 있는 경우의 수를 비둘기집으로, 만들 수 있는 4칸짜리 정사각형의 개수를 비둘기로 생각하여 비둘기집의 원리를 이용하면 $25\div9=2\cdots7$이므로 합이 같은 정사각형은 적어도 $2+1=3$(개)입니다.

최상위 사고력

1 5개

2 9명

3 6표

4 5개

---

1 선택한 점이 모두 한 직선에 있으면 삼각형을 그릴 수 없습니다.

12개의 점 중에서 한 직선에는 최대 4개의 점이 있으므로, 5개의 점을 선택하면 반드시 삼각형을 그릴 수 있는 세 점이 생깁니다. 따라서 적어도 5개의 점을 선택해야 반드시 삼각형 1개를 그릴 수 있습니다.

2 3문제를 풀어 답을 했을 때 ○ 또는 ×로 답할 수 있는 경우의 수는 $2\times2\times2=8$입니다. 따라서 답이 똑같은 학생이 있으려면 퀴즈 대회에 참가한 학생은 적어도 $8+1=9$(명)입니다.

3 현재까지 진아의 득표 수가 1위입니다.

현재까지 3명이 얻은 표가 모두 $15+5+10=30$(표)이므로 아직 개표하지 않은 표는 $46-30=16$(표)입니다.

현재까지 진아가 가장 많은 표를 얻은 상태이므로 진아에게 가장 불리한 경우는 남은 표를 2위인 명수가 모두 가져가는 것입니다.

남은 표 중 진아가 5표를 얻어도 남은 $16-5=11$(표)를 명수가 모두 얻으면 진아는 $15+5=20$(표), 명수는 $10+11=21$(표)로 명수가 당선됩니다.

진아가 6표를 얻는다면 남은 $16-6=10$(표)를 명수가 모두 얻는다고 해도 진아는 $15+6=21$(표), 명수는 $10+10=20$(표)로 진아가 당선됩니다.

따라서 진아의 당선이 확정되기 위해서 진아는 적어도 6표를 더 얻어야 합니다.

4 ① 한 변의 길이가 2 cm인 정삼각형을 한 변의 길이가 1 cm인 정삼각형 4개로 똑같이 나눕니다.

② 4개의 점을 4개의 작은 정삼각형에 1개씩 찍어 두 점 사이의 거리가 1 cm보다 길게 만들 수 있습니다.

③ ②와 같이 점 4개를 찍은 후 점 1개를 4개의 작은 정삼각형 중 어느 곳에 넣더라도 두 점 사이의 거리는 1 cm보다 짧게 됩니다.

해결 전략
주어진 도형을 한 변의 길이가 1 cm인 정삼각형 4개로 나누어 작은 정삼각형의 개수를 비둘기집으로, 점의 개수를 비둘기로 생각하여 '비둘기집의 원리'를 이용합니다.

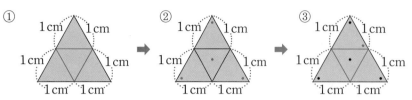

따라서 4+1=5(개)의 점을 찍으면 점 사이의 거리가 1 cm보다 짧은 두 점이 반드시 있게 됩니다.

최상위 사고력 **14** 패리티

14-1. 홀수와 짝수의 계산
126~127쪽

1 (1) 짝수 (2) 짝수 (3) 짝수 (4) 짝수

2 ②, ④

최상위 사고력 (1) 홀수 (2) 166개

저자 톡! 패리티(홀짝성)는 홀수와 짝수가 갖는 성질을 이용하여 문제를 해결하는 것을 말합니다. 이 개념은 매우 단순하지만 여러 가지 문제의 해법에 이용되고 있습니다. 이 단원에서는 패리티를 이용하여 복잡하고 어려워 보이는 계산식에서 계산 결과가 홀수인지, 짝수인지를 판단하는 것을 배웁니다. 계산 결과를 직접 구하기보다 홀수와 짝수가 갖는 성질에 주목하여 문제를 파악하는 것이 중요합니다. 다음 단원에서도 문제 해결의 핵심으로 사용되므로 홀수와 짝수가 갖는 여러 가지 성질을 정확히 파악할 수 있도록 충분히 연습합니다.

---

1 (1) 1부터 100까지의 수 중에 짝수를 모두 더한 것입니다.
(짝수)＋(짝수)＝(짝수)이므로 짝수를 몇 개 더하더라도 계산 결과는 짝수가 됩니다.

(2) 1부터 100까지의 수 중에 홀수를 모두 더한 것입니다.
홀수의 개수는 50개이고, 홀수를 짝수 번 더하면 계산 결과는 짝수가 됩니다.

(3) 1부터 99까지의 수를 모두 더한 것입니다.
짝수는 홀수 번 더하든 짝수 번 더하든 짝수이므로 홀수의 합만 생각하면 홀수의 합은 (2)와 같으므로 짝수입니다.
따라서 계산 결과는 (짝수)＋(짝수)＝(짝수)입니다.

(4) (짝수)×(짝수)＝(짝수)이므로 2×2, 4×4, ……, 98×98은 모두 짝수입니다.
또 (홀수)×(홀수)＝(홀수)이므로
1×1, 3×3, ……, 99×99은 모두 50개의 홀수입니다.
짝수는 홀수 번 더해도 짝수이고, 홀수는 짝수 번 더해도 짝수이므로 계산 결과는 (짝수)＋(짝수)＝(짝수)입니다.

해결 전략
계산 결과가 홀수인지 짝수인지만 판단하면 되므로 계산 결과를 구하지 말고 홀수와 짝수의 성질을 이용합니다.

보충 개념
(홀수)＋(홀수)＝(짝수)
↓
(짝수)＋(홀수)＝(홀수)
홀수 3번 더한 합
↓
(홀수)＋(홀수)＝(짝수)
홀수 4번 더한 합

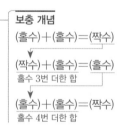

2 과녁판의 점수는 모두 홀수입니다.

홀수를 7번, 즉 홀수 번 더하면 홀수이므로 점수의 합은 홀수입니다.

따라서 주어진 점수의 합 중에서 짝수인 ② 14점, ④ 26점은 점수의 합

이 될 수 없습니다.

나머지 홀수인 점수의 합도 나올 수 있는지 실제로 구해 보면 다음과 같습니다.

① 9점: 3점 1번, 1점 6번을 맞힌 경우

③ 21점: 3점을 7번 또는 5점 3번, 3점 1번, 1점 3번을 맞힌 경우

⑤ 35점: 5점을 7번 또는 7점 4번, 3점 2번, 1점 1번을 맞힌 경우

해결 전략
홀수를 홀수 번 더하면 홀수가 됩니다.

최상위 사고력 (1) 주어진 수의 배열은 앞의 두 수의 합이 다음 수가 되는 규칙이 있습니다.

이때 각 수들은 앞에서부터 홀수, 홀수, 짝수, 홀수, 홀수, 짝수,

……로 (홀수, 홀수, 짝수)가 규칙적으로 되풀이 됩니다.

(홀수, 홀수, 짝수)를 한 묶음으로 하면 $100 \div 3 = 33 \cdots 1$이므로

100번째 수까지 (홀수, 홀수, 짝수)가 33묶음 나오고 홀수가 한 번

더 나오므로 100번째 수는 홀수입니다.

(2) (홀수, 홀수, 짝수)를 한 묶음으로 하면 $500 \div 3 = 166 \cdots 2$이므로

500번째 수까지 (홀수, 홀수, 짝수)가 166묶음 나오고 499번째 수

와 500번째 수는 홀수이므로 500번째 수까지 짝수는 166개입니다. ── 166묶음까지 짝수는 166개 있습니다.

해결 전략
앞에서부터 각 수들이 홀수와 짝수 중 어떤
수인지 차례로 살펴봅니다.

14-2. 패리티의 활용(1)

1 (1) 숫자면 (2) 다른 면   **최상위 사고력 A** 짝수 명

최상위 사고력 B 놓을 수 없습니다. 예 아래로 향한 컵이 3개(홀수)이므로 2개(짝수)의 컵을 뒤집으면 아래로 향한 컵은 1개 또는 3개가 됩니다. 이는 홀수에 짝수를 더하거나 빼도 항상 홀수가 되는 성질 때문입니다. 따라서 3개의 컵을 모두 위로 향하게 놓을 수 없습니다.

저자 톡! 이 단원에서는 동전, 카드, 컵 등을 뒤집거나 악수를 하는 상황에서 홀수와 짝수가 갖는 성질이 어떻게 사용되는지를 학습합니다. 이와 관련된 문제에서 홀수와 짝수의 성질을 바로 적용하기 어려울 수 있으므로 문제 상황을 그림으로 그려 보거나 숨어 있는 규칙은 없는지 고민하여 문제를 해결해 봅니다.

1 (1) 첫 번째 동전과 세 번째 동전은 처음과 똑같이 그림면이 나왔으므로 한 번도 뒤집지 않았거나 짝수 번 뒤집은 것입니다. 동전 3개를 합하여 11번, 즉 홀수 번 뒤집었으므로 두 번째 동전은 홀수 번 뒤집은 것입니다.

따라서 두 번째 동전의 보이는 면은 처음과 다른 면인 숫자면입니다.

(2) 첫 번째 동전은 처음과 다른 면(숫자면)이 나왔으므로 홀수 번 뒤집은 것입니다. 동전 3개를 합하여 20번, 즉 짝수 번 뒤집었으므로 나머지 두 동전을 뒤집은 횟수의 합은 홀수 번입니다.

따라서 (홀수)=(홀수)+(짝수) 또는 (홀수)=(짝수)+(홀수)이므로 나머지 동전 2개의 보이는 면은 다른 면입니다.

해결 전략
홀수 번 뒤집으면 처음과 다른 면이 나오고,
짝수 번 뒤집으면 처음과 같은 면이 나옵
니다.

보충 개념

$0 + ■ + 0 = 11$
$0 + ■ + (짝수) = 11$
$(짝수) + ■ + 0 = 11$
$(짝수) + ■ + (짝수) = 11$
➡ ■=(홀수)

최상위 사고력 A 악수를 짝수 번 한 학생과 홀수 번 한 학생으로 나누어 악수 횟수의 총합을 구합니다.

- 짝수 번 악수 한 학생의 악수 횟수의 총합

  (짝수)×(학생 수)=(짝수)이므로 학생 수가 짝수인지 홀수인지에 상관없이 악수 횟수의 총합은 짝수입니다.

- 홀수 번 악수 한 학생의 악수 횟수의 총합

  (악수 횟수의 총합)=(짝수 번 악수한 학생의 악수 횟수의 총합)+(홀수 번 악수한 학생의 악수 횟수의 총합)에서

  (짝수)=(짝수)+(홀수 번 악수한 학생의 악수 횟수의 총합)이므로 홀수 번 악수한 학생의 총합은 짝수입니다.

  (홀수)×(학생 수)=(짝수)이므로 홀수 번 악수한 학생은 짝수 명입니다.

해결 전략
악수는 2명씩 짝을 이루어 하는 것이므로 학생 수에 상관없이 악수한 횟수의 총합은 항상 짝수입니다.

보충 개념
(홀수)×(짝수)=(짝수)

최상위 사고력 B 처음에 아래로 향한 컵의 개수는 3개입니다. 컵 2개를 뒤집으면 아래로 향한 컵의 개수는 1개, 위로 향한 컵의 개수는 2개입니다.

다시 컵 2개를 뒤집으면 아래로 향한 컵의 개수는 1개, 위로 향한 컵의 개수는 2개가 되거나 아래로 향한 컵의 개수는 3개가 됩니다.

따라서 한 번에 2개씩 컵을 뒤집어 놓을 때마다 위로 향한 컵의 개수는 2개 또는 0개입니다.

해결 전략
한 번에 2개씩 컵을 뒤집어 놓을 때 위로 향한 컵의 개수가 몇 개씩 늘어나거나 줄어드는지 알아봅니다.

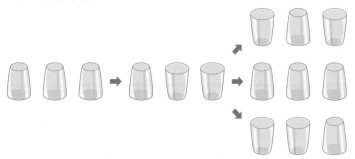

이것은 아래로 향한 컵의 개수가 홀수 개인데, 짝수 개를 더하거나 뺀다고 해도 그 결과는 항상 홀수가 되는 홀수, 짝수의 성질 때문입니다. 따라서 3개의 컵을 모두 위로 향하게 놓을 수 없습니다.

14-3. 패리티의 활용(2)

1 ③

2 불가능합니다. 예 오른쪽과 같이 색칠했을 때 검은색 자리와 흰색 자리의 개수가 다르므로 불가능합니다.

최상위 사고력 불가능합니다. 예 오른쪽과 같이 색칠했을 때 검은색 칸과 흰색 칸의 개수가 다르므로 불가능합니다.

창문 콘센트

저자 톡! 이 단원에서는 타일 덮기, 자리 이동 등 도형 안에서 홀수와 짝수의 성질(패리티)을 활용하는 문제입니다. 패리티가 활용되는 문제 중에서 불가능을 설명하는 문제들이 많습니다. 홀수와 짝수가 갖는 성질을 다시 떠올려 보며 불가능한 이유를 논리적으로 설명할 수 있도록 합니다.

1
① 검은색 8칸, 흰색 6칸으로 검은색 칸이 흰색 칸보다 많으므로 검은색 1칸, 흰색 1칸으로 이루어진 도미노로 덮을 수 없습니다.

② 칸이 모두 $5 \times 5 = 25$(칸)으로 홀수 개이므로 짝수 개(2개)로 이루어진 도미노로 덮을 수 없습니다.

③ 검은색 13칸, 흰색 13칸으로 검은색 칸과 흰색 칸의 수가 같고 다음과 같이 덮을 수 있습니다.

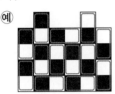

④ 검은색 10칸, 흰색 12칸으로 흰색 칸이 검은색 칸보다 많으므로 검은색 1칸, 흰색 1칸으로 이루어진 도미노로 덮을 수 없습니다.

> **해결 전략**
> 도미노는 정사각형 2개가 붙어 있으므로 도미노 1개로는 이웃한 검은색 1칸, 흰색 1칸을 덮을 수 있습니다.

2 오른쪽과 같이 색칠했을 때 검은색 자리에 앉은 학생은 흰색 자리로, 흰색 자리에 앉은 학생은 검은색 자리로 이동해야 합니다. 그러나 검은색 자리가 5개, 흰색 자리가 4개이므로 검은색 자리와 흰색 자리의 개수가 다릅니다. 따라서 모든 학생들이 자리를 바꾸어 앉는 것은 불가능합니다.

최상위 사고력 오른쪽과 같이 색칠했을 때 도미노 모양의 타일로 벽을 빈틈없이 붙여 꾸미려면 검은색 칸과 흰색 칸의 개수가 같아야 합니다. 그러나 창문과 콘센트가 있는 곳을 제외하면 검은색 칸은 8칸, 흰색 칸은 6칸으로 검은색 칸이 2칸 더 많습니다. 따라서 도미노 모양의 타일로 벽을 빈틈없이 붙여 꾸미는 것은 불가능합니다.

최상위 사고력

132~133쪽

1 (1) 3000 (2) 1000

2 작동하지 않습니다. 예 맞물려 있는 톱니바퀴가 돌아가려면 톱니바퀴가 짝수 개이어야 하는데 홀수 개이므로 시계가 작동하지 않습니다.

3 393

4 불가능합니다. 예 오른쪽과 같이 색칠했을 때 검은색 방과 흰색 방의 수가 다르므로 불가능합니다.

1 (1) 앞에서부터 차례로 계산합니다.

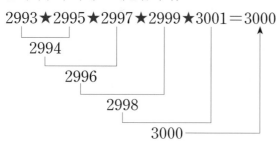

보충 개념

$2993 \star 2995 = (2993 + 2995) \div 2$
$= 2994$

➡ 가★나=(가+나)÷2를 사용합니다.

$2994 \star 2997 = (2994 + 2997 + 1) \div 2$
$= 2996$

$2996 \star 2999 = (2996 + 2999 + 1) \div 2$
$= 2998$

$2998 \star 3001 = (2998 + 3001 + 1) \div 2$
$= 3000$

➡ 가★나=(가+나+1)÷2를 사용합니다.

(2) 괄호 안의 수는 모두 홀수와 짝수로 이루어져 있으므로
가★나=(가+나+1)÷2를 사용합니다.

$(993 \star 994) \star (994 \star 995) \star \cdots\cdots \star (999 \star 1000)$
$= 994 \star 995 \star 996 \star \cdots\cdots \star 1000 = 1000$

995
996
⋮
1000

해결 전략

괄호가 있는 식은 괄호 안의 식부터 계산한 후 앞에서부터 차례로 계산합니다.

보충 개념

$993 \star 994 = (993 + 994 + 1) \div 2 = 994$
$994 \star 995 = (994 + 995 + 1) \div 2 = 995$

2 이웃한 톱니바퀴끼리는 서로 반대 방향으로 움직이므로 한 칸 건너 뛰어 있는 톱니바퀴끼리는 같은 방향으로 움직입니다. ①번 톱니바퀴가 시계 방향으로 움직이면 홀수 번호의 톱니바퀴 ③, ⑤, ⑦도 시계 방향으로 움직입니다. 그러나 ①과 이웃한 ⑦은 시계 반대 방향으로 움직여야 하므로 이 시계는 작동하지 않습니다.

다른 풀이

시계의 톱니바퀴를 나란히 붙어있는 7개의 정사각형으로 생각합니다. 이웃한 톱니바퀴는 서로 맞물려 반대 방향으로 움직인다고 했으므로 이웃한 정사각형에 서로 다른 두 가지 색을 칠하면 같은 색 정사각형끼리는 같은 방향으로 움직이는 것입니다.

① ② ③ ④ ⑤ ⑥ ⑦

이웃한 톱니바퀴인 ①과 ⑦은 반대 방향으로 움직이므로 색이 달라야 하는데 같은 색이므로 시계는 작동하지 않습니다.

3
☐ + ☐ + ☐ + ☐ + ☐ = 390

홀수 개의 수를 더해 짝수를 만들려면 홀수의 개수가 0개, 2개, 4개이어야 합니다.

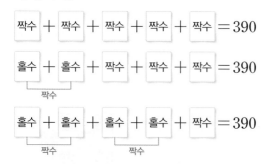

각 카드에 쓰인 수는 (홀수)<(짝수)이고, (홀수)+1=(짝수)이므로

해결 전략

카드를 뒤집었을 때의 수가 크려면, 뽑은 카드의 수는 홀수가 많아야 하는지 짝수가 많아야 하는지 생각해 봅니다.

뽑은 5장의 카드를 뒤집었을 때 보이는 수가 최대이려면 뒤집기 전 보이는 면에 쓰여 있는 수는 최소이어야 하므로 홀수가 많아야 합니다.

따라서 $\boxed{홀수}+\boxed{홀수}+\boxed{홀수}+\boxed{홀수}+\boxed{짝수}=390$인 경우 보이는 수가 최소이며 뒤집은 카드는

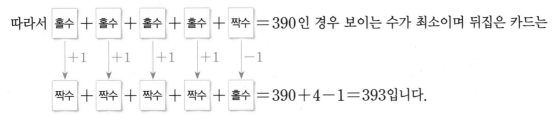

$\boxed{짝수}+\boxed{짝수}+\boxed{짝수}+\boxed{짝수}+\boxed{홀수}=390+4-1=393$입니다.

보충 설명

예를 들어, 카드 5장을 ($\underline{71}$, 72), ($\underline{73}$, 74), (79, $\underline{80}$), ($\underline{81}$, 82), (85, $\underline{86}$)으로 선택하여 밑줄 친 한쪽 면의 수의 합과 반대쪽 면의 수의 합을 구하면 다음과 같습니다.

(밑줄 친 한쪽 면의 수의 합)$=71+73+80+81+85=390$
(반대쪽 면의 수의 합)$=72+74+79+82+86=393$

따라서 보이는 면에 쓰인 수가 홀수가 많으면 보이는 면에 쓰인 수가 짝수일 때보다 작습니다.

---

4 서로 붙어 있는 방은 다른 색이 되도록 오른쪽과 같이 색칠합니다. 1번(검은색) 방에서 출발하여 2번(흰색) 방에 도착하려면 방을 이동할 때마다 검은색과 흰색을 번갈아가며 지나게 됩니다.

따라서 검은색 방과 흰색 방의 수가 같아야 하는데 검은색 방의 개수는 6개이고, 흰색 방의 개수는 5개이므로 1번 방에서 출발하여 모든 방을 한 번씩 지나 2번 방에 도착하는 것은 불가능합니다.

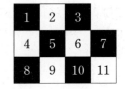

---

^{최상위 사고력} **15 평균**

15-1. 간단히 계산하기

134~135쪽

1 (1) 210 (2) 510   **2** 1150   ^{최상위
사고력} 35.5(또는 $35\frac{1}{2}$)

[저자 톡!] 이 단원에서는 여러 개의 수의 합이나 평균을 구할 때 일일이 수를 더하지 않고 규칙을 찾아 간단히 계산하는 방법을 학습합니다. 이미 저학년 과정에서 1부터 100까지의 수를 더할 때 거꾸로 더하기 방법(가우스 합)을 경험한 적이 있을 것입니다. 더 나아가 차가 일정한 수들의 합을 간단히 구하는 여러 가지 방법을 알아보고, 자신에게 편리한 방법을 찾아봅니다.

1 (1) 12부터 2씩 커지는 10개의 수들의 합은 합이 같은 두 수끼리 짝지어 다음과 같이 구할 수 있습니다.

해결 전략
먼저 합이 같은 두 수끼리 묶을 수 있는지 알아봅니다.

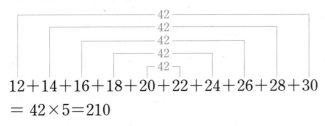

$12+14+16+18+20+22+24+26+28+30$
$=42\times5=210$

(2) 연속된 3개의 수를 여러 개 더한 것입니다.

연속된 3개의 수의 평균은 가운데 수이고, 연속된 3개의 수의 합은
(가운데 수)×3임을 이용하여 다음과 같이 구할 수 있습니다.

$\underline{17+18+19}+\underline{24+25+26}+\underline{32+33+34}+\underline{40+41+42}$
$+\underline{52+53+54}$

$=18\times3+25\times3+33\times3+41\times3+53\times3$

$=(18+25+33+41+53)\times3=170\times3=510$

> **해결 전략**
> 연속된 3개의 수 (□−1), □, (□+1)의 평균은 ((□−1)+□+(□+1))÷3=□로 가운데 수입니다.

> **보충 개념**
> 차가 일정한 여러 수의 합을 구할 때는 다음과 같이 간단히 구합니다.
> ① 수가 짝수 개일 때
> ➡ (가운데 두 수의 합)÷2×(수의 개수)
> ② 수가 홀수 개일 때
> ➡ (가운데 수)×(수의 개수)

> **다른 풀이**
> (1) 12부터 2씩 커지는 10개의 수들을 차례로 더한 것입니다.
> 더하는 수가 짝수 개 있으므로
> $12+14+16+\underline{18+20+22}+24+26+28+30$
>   가운데 두 수
> $=\underline{(가운데\ 두\ 수의\ 합)÷2}×(수의\ 개수)=(20+22)÷2×10=210$
>   가운데 두 수의 평균

---

2 가로줄에 있는 색칠한 칸의 수들은 모두 연속된 5개의 수입니다.

연속된 5개의 수를 차례로 □−2, □−1, □, □+1, □+2라 하면 5개 수의 합은
□×5이므로 (연속된 5개 수의 합)=(가운데 수)×5입니다.

➡ (색칠한 칸의 수의 합)=$24\times5+35\times5+46\times5+57\times5+68\times5$
                         $=(24+35+46+57+68)\times5=230\times5=1150$

> **해결 전략**
> 연속된 5개의 수 □−2, □−1, □, □+1, □+2의 합은 (□−2)+(□−1)+□+(□+1)+(□+2)=□×5입니다.

---

^{최상위} 색칠한 수들을 다음과 같이 네 부분으로 나누어 보면 각각의 부분에 있
^{사고력} 는 가로 두 수의 합은 모두 같습니다.

> **해결 전략**
> 합이 같은 두 수를 찾아봅니다.

1	14	15	28	29	42	43	56	57	70
2	13	16	27	30	41	44	55	58	69
3	12	17	26	31	40	45	54	59	68
4	11	18	25	32	39	46	53	60	67
5	10	19	24	33	38	47	52	61	66
6	9	20	23	34	37	48	51	62	65
7	8	21	22	35	36	49	50	63	64

가로줄 두 수의 합 →   29   57   85   113

(색칠한 칸의 수의 합)=(네 부분에 있는 수의 합)=$29\times6+57\times6+85\times6+113\times6$
                           $=(29+57+85+113)\times6=284\times6=1704$입니다.

색칠한 칸의 수는 모두 $8\times6=48$(칸)이므로 (색칠한 칸의 수의 평균)=$1704÷48=35.5$입니다.

> **보충 개념**
> $29\times6+57\times6+85\times6+113\times6=(29+57+85+113)\times6=284\times6$
>
> | 29 | | 57 | | 85 | | 113 | |
> |---|---|---|---|---|---|---|---|
> | 29×6 | 6 | 57×6 | 6 | 85×6 | 6 | 113×6 | 6 |
>
> ➡ | 284 | |
> | 284×6 | 6 |

최상위 사고력 5B **122**

다른 풀이 1

세로줄에 있는 6개 수에서 오른쪽과 같이 합이 일정한 수끼리 묶어 봅니다.

색칠된 칸의 수는 연속된 수이므로 가운데 두 줄의 평균이 색칠한 칸의 수의 평균이 됩니다.

$(21+37+49+65+77+93+105+121)=142 \times 4=568$

142

따라서 (색칠한 칸의 수의 평균)$=568 \div 16=35.5$입니다.

1	14	15	28	29	42	43	56	57	70
2	13	16	27	30	41	44	55	58	69
3	12	17	26	31	40	45	54	59	68
4	11	18	25	32	39	46	53	60	67
5	10	19	24	33	38	47	52	61	66
6	9	20	23	34	37	48	51	62	65
7	8	21	22	35	36	49	50	63	64

다른 풀이 2

세로줄에 있는 6개의 수의 합을 연속수의 합의 공식을 이용하여 구합니다.

$(8+13) \times 6 \div 2 + (16+21) \times 6 \div 2 + (22+27) \times 6 \div 2 + (30+35) \times 6 \div 2 +$
$(36+41) \times 6 \div 2 + (44+49) \times 6 \div 2 + (50+55) \times 6 \div 2 + (58+63) \times 6 \div 2$
$=21 \times 3 + 37 \times 3 + 49 \times 3 + 65 \times 3 + 77 \times 3 + 93 \times 3 + 105 \times 3 + 121 \times 3$
$=(21+37+49+65+77+93+105+121) \times 3$
$=568 \times 3 = 1704$

따라서 (색칠한 칸의 수의 평균)$=1704 \div 48 = 35.5$입니다.

1	14	15	28	29	42	43	56	57	70
2	13	16	27	30	41	44	55	58	69
3	12	17	26	31	40	45	54	59	68
4	11	18	25	32	39	46	53	60	67
5	10	19	24	33	38	47	52	61	66
6	9	20	23	34	37	48	51	62	65
7	8	21	22	35	36	49	50	63	64

15-2. 부분 평균, 전체 평균

136~137쪽

1 8명

2 나: 50 kg, 다: 45 kg

최상위 사고력 28살

저자 톡! 주어진 자료를 이해하고 분석하기 위해 자료를 대표하는 값(대푯값)을 알아야 합니다. 대푯값 중에서 가장 많이 사용되는 것이 평균입니다. 평균은 (자료 값의 합)÷(자료의 수)로 구하는데 평균만으로 각 자료들의 값은 알 수 없지만 평균과 자료의 수가 주어지면 자료 값의 합은 알 수 있습니다. 평균에 관한 다양한 문제를 풀어 보며 평균이 어떻게 사용되는지 경험해 보도록 합니다.

1 20점을 받은 학생 수를 □명이라 하면 승민이네 반 학생들이 받은 시험 점수의 합은 $16 \times (5+2+\square)$입니다.

$10 \times 5 + 15 \times 2 + 20 \times \square = 16 \times (7+\square)$
$80 + 20 \times \square = 112 + 16 \times \square$
$4 \times \square = 32$
$\square = 8$

따라서 20점을 받은 학생은 8명입니다.

> **해결 전략**
> (자료 값의 합)=(평균)×(자료의 수)

> **보충 개념**
> $\bullet \times (\blacktriangle + \square)$
> $= \bullet \times \blacktriangle + \bullet \times \square$

2 (10명의 몸무게의 합)$=46 \times 10=460$(kg)

(가, 나, 다를 제외한 7명의 몸무게의 합)$=45 \times 7=315$(kg)

(가, 나, 다의 몸무게의 합)$=460-315=145$(kg)

> **해결 전략**
> (가, 나, 다의 몸무게의 합)
> =(10명의 몸무게의 합)
>   −(가,나,다를 제외한 7명의 몸무게의 합)

123 정답과 풀이

가의 몸무게가 50 kg이고, 다의 몸무게를 □ kg이라고 하면 나의 몸무

게는 (□＋5) kg이므로

(가, 나, 다의 몸무게의 합)＝50＋□＋5＋□＝145,

□＋□＝90, □＝45입니다.

따라서 나의 몸무게는 45＋5＝50(kg), 다의 몸무게는 45 kg입니다.

최상위 사고력 아버지, 어머니, 언니, 효주의 나이를 각각 ㉠, ㉡, ㉢, ㉣이라 하여 식을

세웁니다.

해결 전략
나이의 평균과 가족 수를 이용하여 나이의
합을 구할 수 있습니다.

- 아버지, 어머니 나이의 평균은 43살입니다.

  ➡ $(㉠＋㉡)÷2＝43$, $㉠＋㉡＝86$ ……①

- 어머니, 언니, 효주 나이의 평균은 22살입니다.

  ➡ $(㉡＋㉢＋㉣)÷3＝22$, $㉡＋㉢＋㉣＝66$ ……②

- 아버지, 언니, 효주 나이의 평균은 24살입니다.

  ➡ $(㉠＋㉢＋㉣)÷3＝24$, $㉠＋㉢＋㉣＝72$ ……③

①, ②, ③의 식을 모두 더하면

$$㉠＋㉡＝86$$
$$㉡＋㉢＋㉣＝66$$
$$＋)\quad ㉠＋㉢＋㉣＝72$$

$(㉠＋㉡＋㉢＋㉣)×2＝224$ ➡ $㉠＋㉡＋㉢＋㉣＝112$

따라서 모든 가족의 나이의 합은 112살이고, 가족은 4명이므로 효주네

가족 나이의 평균은 $112÷4＝28$(살)입니다.

보충 개념

평균의 함정

1920년대에 중국에서 일어났던 일입니다. 한 장수가 병사들을 이끌고 적진을 향해 가던 중에 작은 강 하나를 만났습니다. 장수는 강을 어떻게 건널 것인가를 고민하다가 마침 그 동네 노인을 만나 강의 평균 수심이 얼마인지를 물었습니다. 노인은 평균 수심이 140 cm라고 알려주었습니다. 장수는 병사들의 평균 키가 165 cm로 강의 평균 수심보다 크므로 강을 걸어서 건널 수 있다고 생각했습니다. 마침내 그는 병사들에게 강을 건너도록 명령하였습니다. 그런데 병사들이 강의 중간 지점을 건널 때 수심이 갑자기 병사들의 키보다 훨씬 깊어졌고 병사들은 모두 물에 빠지고 말았습니다. 장수는 평균을 잘못 생각했던 것입니다. 평균 수심이 140 cm라는 것은 강의 모든 곳의 수심이 140 cm인 것이 아니라 그보다 얕은 곳도 또는 깊은 곳도 있을 수 있기 때문입니다. 장수는 노인에게 가장 깊은 곳의 수심을 물어보았어야 했습니다.

15-3. 평균의 이동

138~139쪽

1 96점	2 160명	**최상위 사고력** 120명

저자 톡! 평균을 구하는 방법 중의 하나는 자료의 값이 큰 것에서 작은 것으로 자료를 옮겨 값을 고르게 하는 것입니다. 이 방법을 이용하면 앞에서 학습한 식을 세우는 방법보다 문제를 더 쉽게 해결할 수도 있습니다. 그림을 그리는 방법과 식을 세우는 방법 중 어느 것이 더 편리한지 찾아보고 문제를 해결해 봅시다.

1 (7번의 수학 시험 점수의 합)=80×7=560(점)

(8번의 수학 시험 점수의 합)=(80+2)×8=656(점)

따라서 미경이는 다음 번 수학 시험에서 656-560=96(점)을 받아야 합니다.

> 다른 풀이
>
> 주어진 조건을 가지고 그림으로 나타내면 오른쪽과 같습니다.
> 색칠한 부분의 넓이는 같으므로 7×2=1×□, □=14
> 따라서 미경이는 다음 번 수학 시험에서 82+14=96(점)을 받아야 합니다.

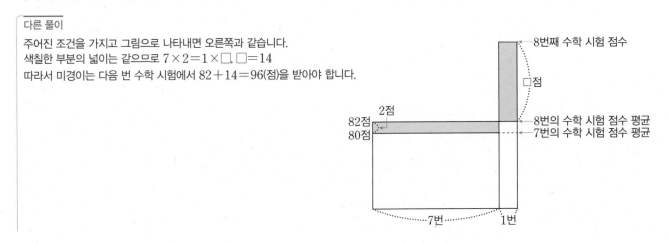

2 유진이네 학교 여학생을 □명이라 하고 그림으로 나타내면 다음과 같습니다.

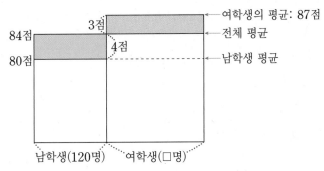

색칠한 부분의 넓이는 같으므로 120×4=□×3, 480=□×3, □=160

따라서 여학생은 160명입니다.

> 다른 풀이
>
> 여학생을 □명이라 하면 전체 학생 수는 (□+120)명이므로
> 84×(□+120)=80×120+87×□, 84×□+10080=9600+87×□, 3×□=480, □=160입니다.

최상위 사고력 남학생을 □명이라 하고 그림으로 나타내면 다음과 같습니다.

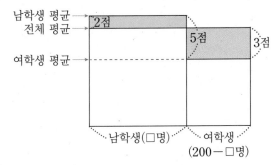

색칠한 부분의 넓이는 같으므로

□×2=(200-□)×3, □×2=200×3-□×3, □×5=600, □=120

따라서 남학생은 120명입니다.

1 400.4(또는 $400\frac{2}{5}$) **2** 6번

3 44점 **3** 72점

---

1 주어진 수들을 400을 기준으로 나타냅니다.

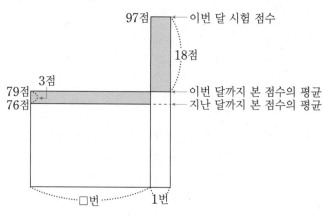

400과 각 수의 차이의 평균은

$(1-2+3-1-4+2+2+4-1)\div10$

$=4\div10=0.4$

따라서 수들의 평균은 $400+0.4=400.4$입니다.

해결 전략

400을 기준으로 정하고, 400과 각 수의 차이의 평균을 구합니다.

2 지난 달까지 수학 시험을 본 횟수를 □번이라 하고 그림으로 나타내면 다음과 같습니다.

해결 전략

평균보다 높은 값에서 평균보다 낮은 값으로 자료의 값을 옮겨 전체가 고른 값이 되도록 합니다.

색칠한 부분의 넓이는 같으므로 □×3=18, □=6입니다.

따라서 도경이가 지난 달까지 수학 시험을 본 횟수는 6번입니다.

다른 풀이

지난 달까지 수학 시험을 본 횟수를 □번이라 하면 점수의 총합은 $76\times$□$+97$,

이번 달까지 시험을 본 횟수는 (□$+1$)번이므로

$(76\times$□$+97)\div($□$+1)=79$, $76\times$□$+97=79\times($□$+1)$,

$76\times$□$+97=79\times$□$+79$, $97-79=79\times$□$-76\times$□, $18=3\times$□, $6=$□

따라서 지난 달까지 수학 시험을 모두 6번 보았습니다.

3 최종 점수로 86점을 받으려면 공을 4번 던져 $86\times4=344$(점)을 받아야 합니다.

공을 한 번 던져 받을 수 있는 최고 점수는 100점이므로 4번 중 3번 모두 100점을 받았다면

나머지 한 번은 적어도 $344-100\times3=44$(점)을 받아야 합니다.

따라서 4번 중 적어도 한번은 44점 이상을 받아야 합니다.

해결 전략

'적어도 몇 점'을 묻는 문제이므로 공을 한 번 던졌을 때 받아야 하는 최소 점수를 구합니다.

4 남학생의 시험 점수만 지난 달보다 평균 5점 올랐을 때 반 전체 시험 점수의 평균은 70점이 되고, 여학생의 시험 점수만 지난 달보다 평균 5점 올랐을 때 반 전체 시험 점수의 평균은 69점이 되므로 <u>남학생의 수가 여학생의 수</u> <u>보다 많습니다.</u> ①

남학생의 시험 점수만 올랐을 때 반 전체 시험 점수의 합은 $40 \times 70 = 2800$(점)이고, 여학생의 시험 점수만 올랐을 때 반 전체 시험 점수의 합은 $40 \times 69 = 2760$(점)입니다.

<u>이 점수 차이인 40점을 5로 나눈 값이 남학생 수와 여학생 수의 차입니다.</u>

남학생은 여학생보다 $40 \div 5 = 8$(명) ② 이 더 많으므로 남학생의 수는 24명, 여학생의 수는 16명입니다.

남학생의 시험 점수의 평균이 5점 올랐을 때의 반 전체 시험 점수의 합은 2800점이고, 여학생의 시험 점수의 평균이 5점 올랐을 때의 오른 점수의 합은 $5 \times 16 = 80$(점)입니다.

따라서 이번 달 반 전체 시험 점수의 합은 $2800 + 80 = 2880$(점)이므로 이번 달 반 전체 시험 점수의 평균은 $2880 \div 40 = 72$(점)입니다.

보충 설명

① 만약 남학생과 여학생의 수가 같다면 오른 점수의 합이 같으므로 반 전체 시험 점수의 평균이 같아야 합니다.

그런데 반 전체 시험 점수의 평균은 남학생의 시험 점수가 5점 올랐을 때 더 높으므로, 오른 점수의 합이 남학생이 더 많다는 것입니다.
따라서 남학생의 수가 여학생의 수보다 더 많습니다.

② 남학생과 여학생의 오른 점수가 같은데 점수의 차이는 40점이므로 $5 \times ($남학생의 수 $-$ 여학생의 수$) = 40$입니다.

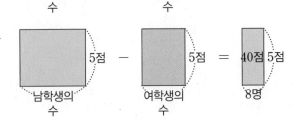

1 7

2 35

3 45번

4 불가능합니다. ⑩ 계산 결과는 항상 짝수가 되므로 홀수인 9는 계산 결과가 될 수 없습니다.

5 7표

6 ⑩ 같은 개수의 사탕을 받은 두 학생이 없다면, 모든 학생들이 서로 다른 개수의 사탕을 받은 것입니다. 5명이 서로 다른 개수의 사탕을 받으려면 사탕은 최소 $1+2+3+4+5=15$(개)가 필요한데 사탕은 10개뿐이므로 같은 수의 사탕을 받은 학생이 반드시 생기게 됩니다.

1 나올 수 있는 두 눈의 수의 합의 모든 경우를 알아보고 어떤 수가 가장 많이 나오는지 알아봅니다.

두 눈의 수의 합

+	1	2	3	4	5	6
1	2	3	4	5	6	7
2	3	4	5	6	7	8
3	4	5	6	7	8	9
4	5	6	7	8	9	10
5	6	7	8	9	10	11
6	7	8	9	10	11	12

나올 수 있는 합의 횟수

합	2	3	4	5	6	7	8	9	10	11	12
횟수(번)	1	2	3	4	5	6	5	4	3	2	1

➡ 두 눈의 수의 합이 될 수 있는 수는 2, 3, ……, 11, 12이고 이 중에서 7이 6번으로 가장 많이 나옵니다.
따라서 나오는 두 눈의 수의 합으로 가능성이 가장 높은 수는 7입니다.

2 6개의 수의 평균이 25이므로 6개 수의 합은
$(㉠+㉡+㉢+㉣+㉤+㉥)=6×25=150$입니다.
㉠을 제외한 나머지 5개의 수의 평균이 23이므로
$(㉡+㉢+㉣+㉤+㉥)=5×23=115$입니다.
따라서 $㉠=150-115=35$입니다.

> **해결 전략**
> (자료 값의 합)=(평균)×(자료의 수)

3 악수는 2명이 하는 것이므로 악수한 횟수는 10명 중 순서를 생각하지 않고 2명을 뽑는 것과 같습니다.
$10×9÷(2×1)=45$이므로 악수를 한 횟수는 모두 45번입니다.
└── 뽑은 두 명의 순서를 바꾼 경우의 수

> **다른 풀이**
> 원 위에 10개의 점을 찍고, 점을 사람으로 선분을 악수하는 것으로 생각하여 두 점을 잇는 선분의 개수를 구합니다.
> 한 점에서 그을 수 있는 선분을 중복되지 않게 모두 그으면 $9+8+7+…+2+1=45$(개) 그을 수 있습니다.

9개   8개

따라서 모두 45번의 악수를 했습니다.

4 ○ 안에 모두 +만 넣는다면 계산 결과는 36입니다.

이때 8 앞의 연산 기호만 −로 바꾸면 $1+2+3+4+5+6+7-8=20$이고,

7 앞의 연산 기호만 −로 바꾸면 $1+2+3+4+5+6-7+8=22$입니다.

또한 5와 6 앞의 연산 기호를 −로 바꾸면 $1+2+3+4-5-6+7+8=14$입니다.

따라서 +를 −로 바꾸면 계산 결과는 연산 기호를 바꾼 수의 2배 만큼씩 줄어듭니다.

모두 +만 넣을 때의 계산 결과는 짝수(36)이고 연산 기호를 −로 바꿀 때마다 줄어드는 수의 값도 짝수입니다.

(짝수)−(짝수)=(짝수)이므로 계산 결과는 9가 될 수 없습니다.

해결 전략
가장 운이 나쁜 경우는 가장 강력한 경쟁자에게 표가 몰리는 것입니다.

5 현재까지 의진이의 득표 수가 1위입니다.

4명이 얻은 표가 모두 $6+9+10+7=32$(표)이므로 아직 개표하지 않은 표는 $40-32=8$(표)입니다.

현재까지 의진이가 가장 많은 표를 얻은 상태이므로 지원이에게 가장 불리한 경우는 남은 표를 1등인 의진이가 모두 가져가는 것입니다.

남은 표 중 6표를 지원이가 가져간다고 해도 남은 $8-6=2$(표)를 의진이가 가져가면 지원이는 $6+6=12$(표), 의진이는 $10+2=12$(표)로 같아져 지원이의 당선이 확실하지 않습니다. 만약 지원이가 7표를 가져간다면 의진이가 남은 1표를 가져가도 지원이 $6+7=13$(표), 의진이 $10+1=11$(표)로 지원이의 당선이 확실해집니다.

따라서 지원이는 적어도 7표를 더 얻어야 합니다.

6 사탕 10개를 학생 5명에게 골고루 나누어 주면 2개씩 갖게 됩니다. 다음과 같이 사탕 2개 중 1개를 다른 학생에게 나누어주면, 사탕을 어떻게 나누어 주어도 항상 같은 개수의 사탕을 받은 학생은 반드시 생기게 됩니다.

학생 1	학생 2	학생 3	학생 4	학생 5	학생 1	학생 2	학생 3	학생 4	학생 5	
1개	3개	1개	3개	2개	2개	2개	1개	4개	1개	……

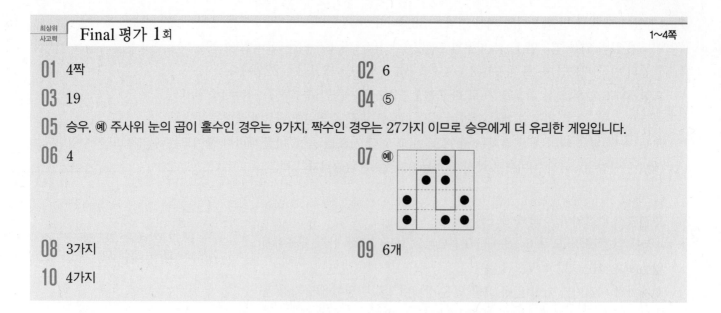

01 4짝

02 6

03 19

04 ⑤

05 승우, 예 주사위 눈의 곱이 홀수인 경우는 9가지, 짝수인 경우는 27가지 이므로 승우에게 더 유리한 게임입니다.

06 4

07 예

08 3가지

09 6개

10 4가지

01 가장 운이 나쁜 경우는 3가지 색깔의 양말을 각각 1번씩 꺼낸 후에 3가지 중 한 가지 색깔을 꺼내는 것입니다.
따라서 같은 색 양말 한 켤레가 나오도록 꺼내려면 양말을 적어도
3+1=4(짝) 꺼내야 합니다.

해결 전략
가장 운이 나쁜 경우를 생각합니다.

02 각 정육면체에서 빨간 선으로 표시한 부분을 잘라 펼치면 다음과 같습니다.

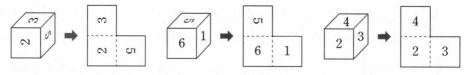

자른 모양을 같은 숫자끼리 포개어 하나의 전개도로 나타내면 다음과 같으므로 3과 마주 보는 면에 써 있는 숫자는 6입니다.

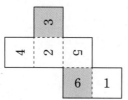

03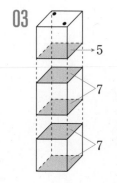

맨 위에 있는 주사위는 보이지 않는 면이 1개 있고, 그 아래에 있는 2개의 주사위는 보이지 않는 면이 2개씩 있습니다.
주사위의 7점 원리에 의해 맨 위에 있는 주사위의 보이지 않는 면의 눈의 수는 5이고, 그 아래에 있는 2개의 주사위는 마주 보는 두 면이 보이지 않으므로 보이지 않는 면의 눈의 수의 합은 각각 7입니다.
따라서 어느 방향에서 보아도 보이지 않는 면의 눈의 수의 합은 5+7×2=19입니다.

해결 전략
각각의 주사위에서 보이지 않는 면이 서로 어떻게 위치하고 있는지 알아봅니다.

04 ① ② ③ ④

정육면체를 자른 단면이 정육면체의 면 6개를 지나면 단면의 변의 개수가 최소 6개가 됩니다. 칠각형을 만들려면 면 6개를 지나면서 동시에 모서리 1개를 포함해야 하는데 불가능하므로 칠각형을 만들 수 없습니다.

05 주사위 2개를 던져서 나온 주사위 눈의 곱으로 나올 수 있는 경우는 모두 $6 \times 6 = 36$(가지)입니다.

주사위 눈의 곱이 홀수일 때는 두 주사위 모두 홀수가 나온 경우이므로 각각 1, 3, 5 세 가지씩 모두 $3 \times 3 = 9$(가지)입니다.

9가지를 제외한 나머지는 모두 짝수가 나온 경우이므로 모두 $36 - 9 = 27$(가지)입니다.

따라서 이 게임은 주사위 눈의 곱이 짝수인 경우가 더 유리하므로 승우에게 더 유리한 게임입니다.

보충 개념
(짝수)×(짝수)=(짝수)
(짝수)×(홀수)=(짝수)
(홀수)×(짝수)=(짝수)
(홀수)×(홀수)=(홀수)

06 숫자 카드의 빈칸에 앞에서부터 차례로 ㉡, ㉢, ㉣, ㉤, ㉥, ㉦, ㉧을 써 넣은 뒤 식을 세우면 다음과 같습니다.

- $6 + ㉡ + ㉢ = 15$이므로 ㉡ + ㉢ = 9이고, ㉡ + ㉢ + ㉣ = 15이므로 9 + ㉣ = 15, ㉣ = 6입니다.
- ㉥ + ㉦ + 5 = 15이므로 ㉥ + ㉦ = 10이고, ㉤ + ㉥ + ㉦ = 15이므로 ㉤ + 10 = 15, ㉤ = 5입니다.

따라서 6 + ㉠ + 5 = 15, ㉠ = 4입니다.

해결 전략
㉠의 왼쪽과 오른쪽 칸에 들어가는 수를 각각 구해 봅니다.

07 작은 정사각형의 개수는 모두 16개이므로, 작은 정사각형 $16 \div 2 = 8$(개)로 이루어진 합동인 도형 2개로 나누어야 합니다. 또 ●의 개수가 모두 8개이므로 합동인 도형 한 개에 $8 \div 2 = 4$(개)의 ●가 있어야 합니다.

대칭의 중심에서 출발하여 점선을 따라 점대칭이 되도록 선을 그어 합동인 도형 2개로 나누어 봅니다.

해결 전략
대칭의 중심을 찾아 대칭의 중심을 지나도록 선을 그어봅니다.

08 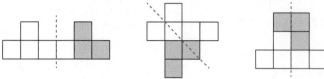에 다른 도형을 이어 붙일 수 있는 곳은 모두 10군데 이므

로 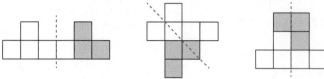을 차례로 이어 붙여보면서 선대칭

도형이 되는 것을 찾아 보면 다음과 같습니다.

해결 전략
다음 도형에 다른 도형을 이어 붙일 수 있는
곳은 모두 10군데 입니다.
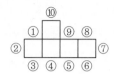

해결 전략
대칭축을 여러 방향으로 생각해 봅니다.

따라서 두 도형을 겹치지 않게 이어 붙여서 만들 수 있는 선대칭도형은
모두 3가지입니다.

09 짝수와 홀수의 계산식에서 짝수와 홀수가 적어도 1개씩 들어가는 것은 다음과 같습니다.

덧셈식	뺄셈식	곱셈식	나눗셈식
(짝수)+(홀수)=(홀수) (홀수)+(짝수)=(홀수) (홀수)+(홀수)=(짝수)	(짝수)−(홀수)=(홀수) (홀수)−(짝수)=(홀수) (홀수)−(홀수)=(짝수)	(짝수)×(홀수)=(짝수) (홀수)×(짝수)=(짝수)	(짝수)÷(홀수)=(짝수)
짝수 1개	짝수 1개	짝수 2개	짝수 2개

덧셈식과 뺄셈식에서는 짝수가 1개씩, 곱셈식과 나눗셈식에서는 짝수가 2개씩 들어갑니다.
따라서 계산식에서 짝수는 모두 6개입니다.

보충 개념
짝수와 홀수의 덧셈, 뺄셈, 곱셈, 나눗셈 계산식에는 다음과 같은 성질이 있습니다.

덧셈식	뺄셈식	곱셈식	나눗셈식
(짝수)+(짝수)=(짝수) (짝수)+(홀수)=(홀수) (홀수)+(짝수)=(홀수) (홀수)+(홀수)=(짝수)	(짝수)−(짝수)=(짝수) (짝수)−(홀수)=(홀수) (홀수)−(짝수)=(홀수) (홀수)−(홀수)=(짝수)	(짝수)×(짝수)=(짝수) (짝수)×(홀수)=(짝수) (홀수)×(짝수)=(짝수) (홀수)×(홀수)=(홀수)	(짝수)÷(짝수)=(짝수) (짝수)÷(홀수)=(짝수) (홀수)÷(홀수)=(홀수)

10 점판에서 두 점을 선택하여 선분을 먼저 그린 후 선분을 기준으로 선대
칭도형이 되는 사각형을 그려봅니다.

해결 전략
먼저 점판에서 두 점을 선택하여 사각형의
한 변을 만들어 봅니다.

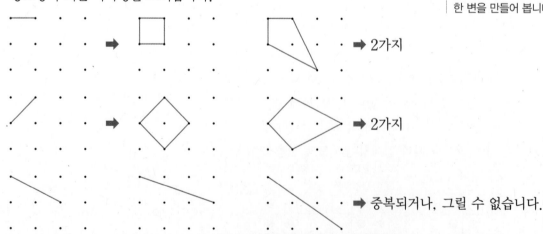

따라서 점판에서 네 점만 지나는 사각형 중에서 선대칭도형은 4가지입
니다.

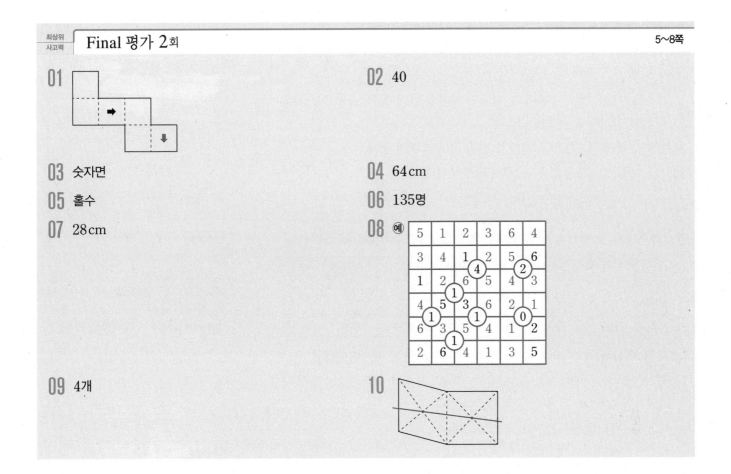

01

02 40

03 숫자면

04 64 cm

05 홀수

06 135명

07 28 cm

08 (예)

5	1	2	3	6	4
3	4	1 ④	2	5 ②	6
1	2 ①	6	5	4	3
4	5 ③	3	6	2	1
①	1	1 ①	4	⓪	2
6	3	5 ①	4	1	2
2	6	4	1	3	5

09 4개

10

---

01 주어진 정육면체에서 ➡ 와 마주 보는 면에 ⬅ 가 그려져 있습니다.

정육면체 전개도의 한 면을 접었을 때 만나는 모서리를 찾아 다음과 같이 옮겨 봅니다.

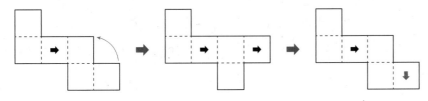

보충 개념
정육면체의 마주 보는 면끼리 화살표가 서로 반대 방향으로 향하면, 전개도의 마주 보는 면에서는 화살표가 서로 같은 방향을 향합니다.

02 4개의 주사위는 모두 다른 주사위와 두 면씩 맞닿아 있으므로 눈의 수가 5, 6인 면을 맞닿게 놓았을 때 겉면에 있는 눈의 수의 합이 가장 작습니다. 따라서 겉면에 있는 눈의 수의 합이 가장 작을 때의 값은
$(1+2+3+4) \times 4 = 40$입니다.

해결 전략
겉면의 눈의 합이 가장 작으려면 보이지 않는 면의 눈의 수는 크게, 보이는 면의 눈의 수는 작게 해야 합니다.

03 첫 번째 동전은 처음과 다른 면(숫자면)이 나왔으므로 홀수 번 뒤집은 것이고, 두 번째 동전은 처음과 같은 그림면이므로 한 번도 뒤집지 않았거나 짝수 번 뒤집은 것입니다. 동전 3개를 합하여 8번, 즉 짝수 번 뒤집었으므로 세 번째 동전은 홀수 번 뒤집은 것입니다.
따라서 세 번째 동전의 보이는 면은 숫자면입니다.

해결 전략
동전 하나를 홀수 번 뒤집면 처음과 다른 면이 나오고, 짝수 번 뒤집면 처음과 같은 면이 나옵니다.

보충 개념
(홀수)＋(짝수)＋(홀수)＝(짝수)

04 (겹쳐진 부분의 넓이)＝(겹치기 전 두 정사각형의 넓이)

$\qquad$ －(주어진 도형의 넓이)

$\qquad$ ＝$10 \times 10 \times 2 - 184 = 16(\text{cm}^2)$

겹쳐진 부분은 정사각형이고, 겹쳐진 부분의 넓이가 $16(\text{cm}^2)$이므로
한 변의 길이는 $4\,\text{cm}$입니다.

(주어진 도형의 둘레)＝(겹치기 전 두 정사각형의 둘레)

$\qquad$ －(겹쳐진 부분의 둘레)

$\qquad$ ＝$10 \times 4 \times 2 - 4 \times 4 = 64(\text{cm})$

해결 전략
겹쳐진 부분의 넓이를 구해 봅니다.

05 1번째 줄부터 차례로 홀수의 개수와 합을 구하여 규칙을 찾아봅니다.

	1번째 줄	2번째 줄	3번째 줄	4번째 줄	5번째 줄	6번째 줄	……
홀수의 개수	1	1	2	2	3	3	……
합	홀수	홀수	짝수	짝수	홀수	홀수	……

각 줄의 합이 각각 홀수, 홀수, 짝수, 짝수로 4번씩 반복됩니다.

$93 \div 4 = 23 \cdots 1$이므로 홀수, 홀수, 짝수, 짝수가 모두 23번 반복되고
마지막인 93번째 줄의 수의 합은 홀수입니다.

따라서 구한 합에서 홀수가 더 많습니다.

보충 개념
(홀수)＋(홀수)＋……＋(홀수)＝(짝수)
　　　　　　짝수 번
홀수가 짝수 번 더해지면 짝수, 홀수가 홀수
번 더해지면 홀수입니다.
(홀수)＋(홀수)＋……＋(홀수)＝(홀수)
　　　　　　홀수 번

06 민수네 학교의 여학생의 수를 □명이라 하고 그림으로 나타내면 다음과
같습니다.

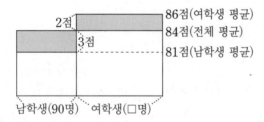

색칠한 부분끼리의 넓이는 같으므로 $90 \times 3 = \square \times 2$, $270 = \square \times 2$, $\square = 135$
따라서 여학생의 수는 135명입니다.

해결 전략
평균보다 높은 값에서 평균보다 낮은 값을
채워주어 전체가 하나의 고른 값이 되도록
만듭니다.

07 (전개도의 둘레)

＝(직사각형 6개의 둘레의 합)－(잘리지 않은 부분의 모서리의 합)$\times 2$
입니다.

전개도의 둘레가 가장 짧을 때는 다음과 같이 잘리지 않은 부분의 모서
리의 길이가 ($4\,\text{cm}$, $4\,\text{cm}$, $4\,\text{cm}$, $3\,\text{cm}$, $3\,\text{cm}$)일 때입니다.

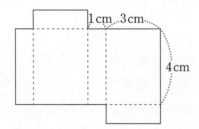

따라서 가장 짧은 전개도의 둘레는

$(4+3+1) \times 8 - (4+4+4+3+3) \times 2 = 28(\text{cm})$입니다.

해결 전략
직육면체의 전개도에서 접는 부분이 길면 둘
레가 짧아집니다.

보충 개념
직육면체의 전개도에서 접은 부분은 5개입
니다.

08 다음과 같은 순서로 빈칸에 알맞은 수를 구해 봅니다.

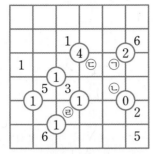

㉠: 원 안의 수가 2이므로 ㉠은 4입니다.

㉡: 원 안의 수가 0이므로 ㉡은 2입니다.

㉢: 원 안의 수가 4이므로 ㉢은 5입니다.

㉣: 원 안의 수가 1이므로 ㉣은 5입니다.

➡

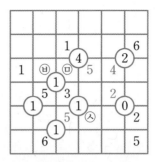

㉺: 원 안의 수가 1이므로 ㉺은 4 또는 6입니다.
  그런데 같은 줄에 4가 있으므로 ㉺은 6입니다.

㉲: 원 안의 수가 1이므로 ㉲은 2 또는 4입니다.
  그런데 같은 줄에 4가 있으므로 ㉲은 2입니다.

㉳: 원 안의 수가 1이므로 ㉳은 2 또는 4입니다.
  그런데 같은 줄에 2가 있으므로 ㉳은 4입니다.

➡

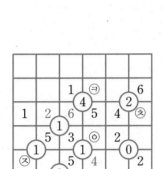

◎: 원 안의 수가 1이므로 ◎은 4 또는 6입니다.
  그런데 같은 줄에 4가 있으므로 ◎은 6입니다.

㉣: 원 안의 수가 1이므로 ㉣은 4 또는 6입니다.
  그런데 같은 줄에 4가 있으므로 ㉣은 6입니다.

㉤: 가로줄에서 쓰이지 않은 수는 3입니다.

㉥: 원 안의 수가 4이므로 ㉥은 2입니다.

➡

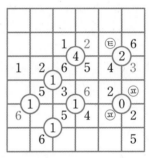

㉦: 원 안의 수가 2이므로 ㉦은 1 또는 5입니다.
  그런데 같은 줄에 1이 있으므로 ㉦은 5입니다.

㉧: ㉧은 1 또는 4가 될 수 있습니다.
  그런데 같은 줄에 4가 있으므로 ㉧은 1입니다.

➡

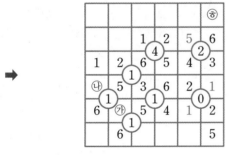

ㅎ: 세로줄에서 쓰이지 않은 수는 4입니다.

㉮: 가로줄에서 쓰이지 않은 수는 3입니다.

㉯: 가로줄에서 쓰이지 않은 수는 4입니다.

➡

㉰, ㉱: ㉰는 3또는 6이 될 수 있습니다.
  그런데 같은 줄에 6이 있으므로, ㉰는 3이고,
  ㉱는 6입니다.

㉲, ㉳: ㉲는 1또는 4가 될 수 있습니다.
  그런데 같은 줄에 4가 있으므로, ㉲는 1이고,
  ㉳는 4입니다.

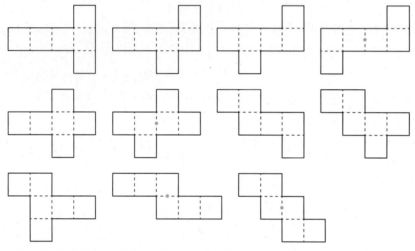

➡ ⑷, ⑺: ⑷는 1 또는 3이 될 수 있습니다.

그런데 같은 줄에 3이 있으므로, ⑷는 1이고,

⑺는 3입니다.

㉜: 가로줄에서 쓰이지 않은 수는 3입니다.

➡ 나머지 빈칸도 같은 방법으로 채웁니다.

09 정육면체의 전개도는 모두 11개입니다.

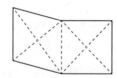

이 중에서 점대칭도형은 모두 4가지입니다.

10 평행사변형과 정사각형에 각각 대각선을 긋고, 두 대각선이 만나는 점을 찾습니다.

해결 전략
넓이가 같은 두 도형으로 나누려면 두 대각선이 만나는 점을 지나도록 나누면 됩니다.

두 대각선이 만나는 각각의 점을 동시에 지나도록 직선을 그으면 넓이가 같은 두 도형으로 나누어집니다.

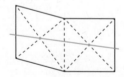

심화 완성 최상위 수학S, 최상위 수학

개념부터
심화까지

수학 좀 한다면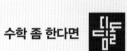

상위권의 힘, 사고력 강화
최상위 사고력

최상위
사고력

따라올 수 없는 자신감!
디딤돌 초등 라인업을 만나 보세요.

수준별 수학 기본서	디딤돌 초등수학 원리	3~6학년	교과서 기초 학습서
	디딤돌 초등수학 기본	1~6학년	교과서 개념 학습서
	디딤돌 초등수학 응용	3~6학년	교과서 심화 학습서
	디딤돌 초등수학 문제유형	3~6학년	교과서 문제 훈련서
	디딤돌 초등수학 기본+응용	1~6학년	한권으로 끝내는 응용심화 학습서
	디딤돌 초등수학 기본+유형	1~6학년	한권으로 끝내는 유형반복 학습서
상위권 수학 학습서	최상위 초등수학 S	1~6학년	심화 개념 · 심화 유형 학습서
	최상위 초등수학	1~6학년	심화 개념 · 심화 유형 학습서
	최상위 사고력	7세~초등 6학년	경시 · 영재 · 창의사고력 학습서
	3% 올림피아드	1~4과정	올림피아드 · 특목중 대비 학습서
연산학습 교재	최상위 연산은 수학이다	1~6학년	수학이 담긴 차세대 연산 학습서
국사과 기본서	디딤돌 초등 통합본(국어·사회·과학)	3~6학년	교과 진도 학습서
국어 독해력	디딤돌 독해력	1~6학년	수능까지 연결되는 초등국어 독해 훈련서